郭旭　主编

（第三版）

# 互联网应用技术

INTERNET APPLICATION TECHNOLOGY

东北财经大学出版社
Dongbei University of Finance & Economics Press
大连

**图书在版编目（CIP）数据**

互联网应用技术 / 郭旭主编．—3版．—大连：东北财经大学出版社，2022.5

ISBN 978-7-5654-4484-5

Ⅰ．互…　Ⅱ．郭…　Ⅲ．互联网络　Ⅳ．TP393.4

中国版本图书馆CIP数据核字（2022）第040890号

东北财经大学出版社出版

（大连市黑石礁尖山街217号　邮政编码　116025）

网　　址：http://www.dufep.cn

读者信箱：dufep@dufe.edu.cn

大连永盛印业有限公司印刷　　东北财经大学出版社发行

幅面尺寸：185mm×260mm　　字数：290千字　　印张：13

2022年5月第3版　　2022年5月第1次印刷

责任编辑：周　欢　　责任校对：王　娟

封面设计：张智波　　版式设计：钟福建

定价：30.00元

教学支持　售后服务　　联系电话：（0411）84710309



如有印装质量问题，请联系营销部：（0411）84710711

# 第三版前言

当今社会发展已经全面进入信息化时代，互联网作为重要的信息传播途径和载体，呈现出多元化发展的态势，它使得数字媒体信息更加地碎片化和去中心化传播。伴随着互联网产业化发展的变革和数字经济时代的到来，互联网已经广泛影响着人们的工作和生活方式，互联网应用技术已经成为人们在工作和学习中的必备技能。

本教材在修订过程中，以职业教育培养应用型、技能型人才为目标，以职业能力形成的过程为主线，在第二版的基础上，充分汇集了相关教学单位的意见和建议。本次修订内容结合Internet技术发展现状，对教材的知识体系进行了完善，对陈旧的内容做了删减更新，针对下载、云计算和物联网、移动互联网应用、网络金融、网络安全等单元增加了新的内容，并对相关操作界面和步骤做了更新，并将新知识、新应用、新的职业教育理念融入教材，较为全面地介绍了互联网的基本概念、术语、服务和各类应用技术。本教材采用由浅入深的方式，以技能训练为主，辅以基本理论学习，尤其注重突出以下特点：

1.面向岗位需求，针对理实一体化的教学要求，强调对互联网基本应用能力的培养。

2.合理安排理论知识与实际应用操作的课时分配，删减了实际工作中不常用的内容，突出教材的科学性、实用性和通用性。

本教材由郭旭担任主编。教材分为10章，包括走近互联网、浏览和搜索信息、下载并存储文件、收发电子邮件、体验网上生活、网络金融、网上购物、移动互联网应用、云技术和物联网、互联网安全与技术应用等内容。其中第1章、第2章由郭旭编写；第3章、第4章、第5章、第8章由宋颖编写；第6章、第7章、第9章、第10章由王平编写。

本教材既是学习互联网应用知识的基础教材，也是互联网爱好者学习的工具书，同时还可以作为具有一定互联网络基础的技术人员的参考书。恳请相关教学单位和广大读者在使用过程中对本教程的疏漏之处给予关注，并将意见、建议及时反馈给我们，以便进一步修订与完善。

编　者

2021年10月

# 目 录

## 第10章 互联网安全与技术应用/183

## 主要参考文献/200

# 第1章　走近互联网

互联网是人们在现代生活中不可缺少的基本工具，在互联网上几乎没有实现不了的信息传递功能。因此，没有网络环境的计算机（俗称“电脑”）可以说是不完整的。现今世界是一个网络互通的世界，只要掌握了互联网的相关应用知识，就能在生活和工作中得心应手。

## 1.1　认识计算机网络

计算机网络，是指将地理位置不同的具有独立功能的多台计算机及其外部设备，通过通信线路连接起来，在网络操作系统、网络管理软件及网络通信协议的管理和协调下，实现资源共享和信息传递的计算机系统。只有了解计算机网络的组成结构和连接设备等，才能掌握基本的互联网接入方法。

### 1.1.1　计算机网络的分类

**1.按网络的覆盖面积划分**

虽然网络类型的划分标准各种各样，但是按照地理范围划分是一种被广泛认可的通用网络划分标准。按这种标准可以把各种网络类型划分为局域网、城域网、广域网三种。

局域网（Local Area Network；LAN）。它是我们最常见、应用最广的一种网络，它随着整个计算机网络技术的发展和提高得到充分的应用和普及，几乎每个单位都有自己的局域网，甚至家庭中都有自己的小型局域网。很明显，所谓局域网，就是在局部地区范围内的网络，它所覆盖的地区范围较小。局域网在计算机数量配置上没有太多的限制，少的可以只有两台，多的可达几百台，在网络所涉及的地理距离上一般来说可以是几米至10公里以内。

城域网（Metropolitan Area Network；MAN）。一般来说，城域网是在一个城市，但不在同一小区地理范围内的计算机互联，这种网络的连接距离可以为10～100千米。MAN与LAN相比它扩展的距离更长，连接的计算机数量更多，在地理范围上可以说是LAN网络的延伸。在一个大型城市或都市地区，一个MAN网络通常连接着多个LAN网，如连接政府机构的LAN、医院的LAN、电信的LAN、公司企业的LAN等等。

城域网多采用ATM技术做骨干网，ATM是一种用于数据、语音、视频以及多媒体应用程序等的高速网络传输模式。

广域网（Wide Area Network；WAN）。它也称为远程网，所覆盖的范围比城域网更广，一般是在不同城市之间的LAN或者MAN网络互联，地理范围可从几百千米到几千千米。因为距离较远，信号衰减比较严重，所以这种网络一般要使用专线，通过IMP（接口信息处理）协议和线路连接起来，构成网状结构，解决寻径问题。

**2.按照传输介质划分**

（1）有线网。有线网是采用双绞线来连接的网络类型。

（2）光纤网。光纤网是采用光导纤维作为传输介质的网络类型。

（3）无线网。无线网是采用一种电磁波作为载体来实现数据传输的网络类型。

### 1.1.2 计算机网络的拓扑结构

计算机网络的拓扑结构，是指计算机或设备与传输媒介形成的结点与线的物理构成模式，它反映出计算机网络的物理布局。网络的节点有两类：一类是转换和交换信息的转接结点，包括结点交换机、集线器和终端控制器等；另一类是访问节点，包括计算机主机和终端等。线则代表各种传输媒介，包括有形的和无形的。计算机网络的拓扑结构主要有：总线形拓扑、环形拓扑、星形拓扑、树形拓扑和混合形拓扑。

**1.总线形拓扑**

总线形拓扑结构采用一个信道作为传输媒体，所有站点都通过相应的硬件接口直接连到这一公共传输媒体上，该公共传输媒体称为总线。任何一个节点发送的信号都沿着传输媒体传播，而且能被所有其他节点所接收。因为所有节点共享一条公用的传输信道，所以一次只能由一个设备传输信号（如图1-1所示），通常采用分布式控制策略来确定哪个节点可以发送。发送时，发送节点将报文分组，以广播的形式逐个依次发送这些分组，有时还要与其他站点来的分组交替地在媒体上传输。当分组经过各站点时，其中的目的站会识别到分组所携带的目的地址，然后复制下这些分组的内容。

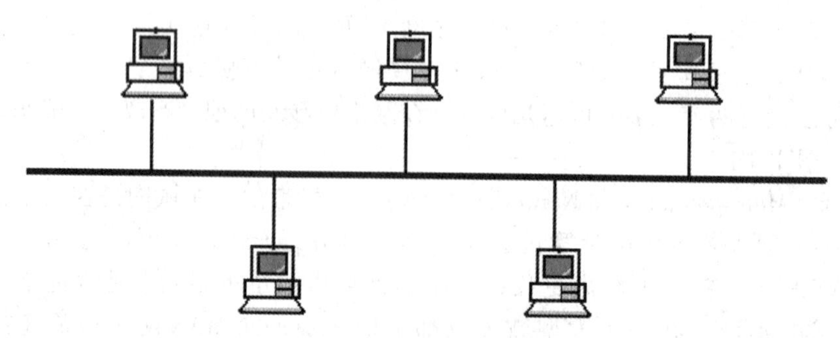

图1-1 总线形拓扑结构

总线形拓扑结构的优点：所需要的电缆数量少，线缆长度短，易于布线和维护；结构简单，多个节点共用一条传输信道，信道利用率高。

总线形拓扑结构的缺点：传输距离有限，通信范围受到限制；故障诊断和隔离较困难；分布式协议不能保证信息的及时传送，不具有实时功能。

### 2.环形拓扑

环形拓扑结构中各节点通过环路接口连在一条首尾相连的闭合环形通信线路中，环路上任何节点均可以请求发送信息（如图1-2所示）。请求一旦被批准，便可以向环路发送信息。环形网中的数据可以是单向传输也可是双向传输。由于环线公用，一个节点发出的信息必须穿越环中所有的环路接口，信息流中目的地址与环上某节点地址相符时，信息被该节点的环路接口所接收，而后信息继续流向下一环路接口，一直流回到发送该信息的环路接口节点为止。

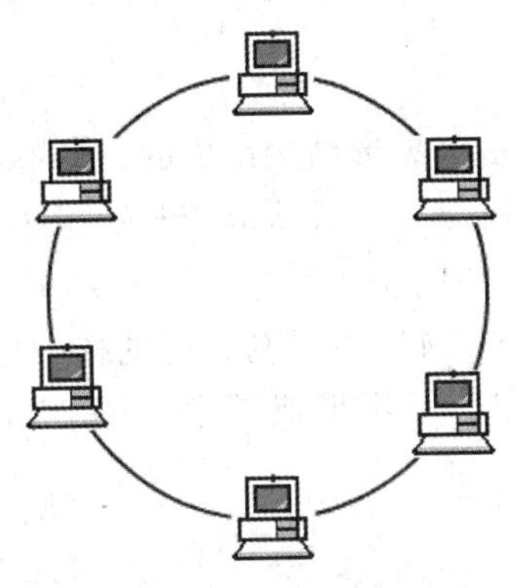

图1-2　环形拓扑结构

环形拓扑结构的优点：电缆长度短；增加或减少工作站时，仅需简单的连接操作；可使用光纤。光纤的传输速率很高，十分适合于环形拓扑的单方向传输。

环形拓扑结构的缺点：节点的故障会引起全网故障。这是因为环上的数据传输要通过接在环上的每一个节点，一旦环中某一节点发生故障就会引起全网的故障；故障检测困难。环形拓扑结构的媒体访问控制协议都采用令牌传递的方式，在负载很轻时，信道利用率相对来说就比较低。

### 3.星形拓扑

星形拓扑结构是由中央节点和通过点到点通信链路接到中央节点的各个站点组成。中央节点执行集中式通信控制策略，因此中央节点相当复杂，而各个站点的通信处理负担都很轻（如图1-3所示）。星形网采用的交换方式有电路交换和报文交换两种，这种结构一旦建立了通道连接，就可以无延迟地在连通的两个站点之间传送数据。

星形拓扑结构的优点：结构简单，连接方便，管理和维护都相对容易，而且扩展性强；网络延迟时间较小，传输误差低；在同一网段内支持多种传输介质，除非中央节点故障，否则网络不会轻易瘫痪；每个节点直接连到中央节点，故障容易检测和隔离，可以很方便地排除有故障的节点。因此，星形拓扑结构是目前应用最广泛的一种网络拓扑结构。

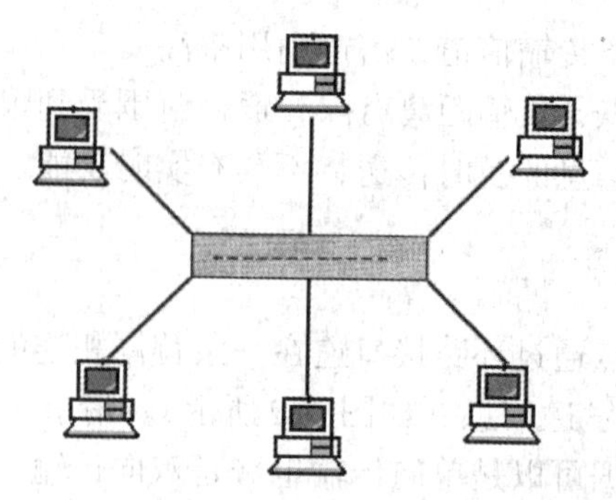

图1-3 星形拓扑结构

星形拓扑结构的缺点：对中央节点要求相当高，一旦中央节点出现故障，则整个网络将瘫痪。

### 4.树形拓扑

树形拓扑结构可以认为是多级星形结构组成的，只不过这种多级星形结构是自上而下呈三角形分布的，就像一棵树一样，最顶端的枝叶少些，中间的枝叶多些，而最下面的枝叶最多（如图1-4所示）。树的最下端相当于网络中的边缘层，树的中间部分相当于网络中的汇聚层，而树的顶端则相当于网络中的核心层。它采用分级的集中控制方式，其传输介质可有多条分支，但不形成闭合回路，每条通信线路都必须支持双向传输。

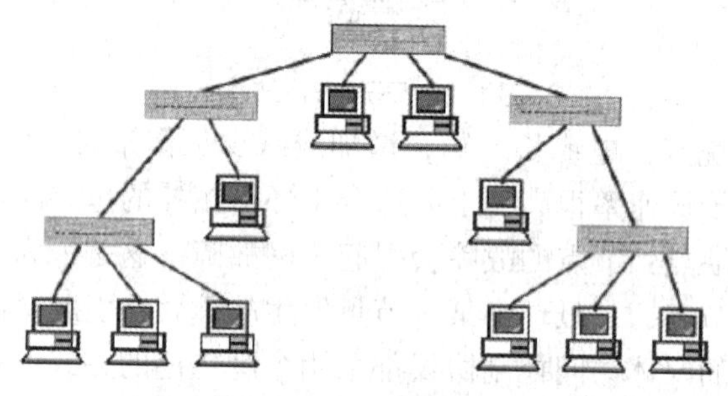

图1-4 树形拓扑结构

树形拓扑结构的优点：易于扩展。这种结构可以延伸出很多分支和子分支，这些新节点和新分支都能容易加入网内；故障隔离较容易，如果某一分支的节点或线路发生故障，很容易将故障分支与整个系统隔离开。

树形拓扑结构的缺点：各个节点对根的依赖性太强，如果根发生故障，则全网不能正常工作，从这一点来看，树形拓扑结构的可靠性有点类似于星形拓扑结构。

### 5.混合形拓扑

混合形拓扑结构是将两种单一拓扑结构混合起来，取两者的优点构成的拓扑。一种是星形拓扑和环形拓扑混合成的“星-环”拓扑，另一种是星形拓扑和总线形拓扑混合成的“星-总”拓扑。这两种混合型结构有相似之处，如果将总线拓扑的两个端点连在一起也就变成了环形拓扑。在混合形拓扑结构中，汇聚层设备组成星形或总线形拓扑，汇聚层设备和接入层设备组成星形拓扑。

混合形拓扑结构的优点：故障诊断和隔离较为方便。一旦网络发生故障，只要诊断出哪个网络设备有故障，将该网络设备和全网隔离即可；易于扩展，安装方便，网络的主链路先连通汇聚层设备，然后再通过分支链路连通汇聚层设备和接入层设备。

混合形拓扑结构的缺点：需要选用智能网络设备，实现网络故障自动诊断和故障节点的隔离，网络建设成本比较高；像星形拓扑结构一样，汇聚层设备到接入层设备的线缆安装长度会增加较多。

### 1.1.3 计算机网络的组成

计算机网络主要由计算机系统、数据通信系统、网络软件和协议三大部分组成。计算机系统是网络的基本模块，为网络内的其他计算机提供共享资源；数据通信系统是连接网络基本模块的桥梁，它提供各种连接技术和信息交换技术；网络软件是网络的组织者和管理者，在网络协议的支持下，为网络用户提供各种服务。

计算机网络也是由网络硬件系统和网络软件系统组成的。网络硬件系统主要包括：网络服务器、网络工作站、网络适配器、传输介质等；网络软件系统主要包括：网络操作系统软件、网络通信协议、网络工具软件、网络应用软件等。

计算机网络从逻辑上可以分为通信子网和资源子网两部分。通信子网的功能：负责全网的数据通信，由网络节点和通信链路组成。资源子网的功能：具有访问网络和数据处理的能力，由主机、终端控制器和终端组成。

### 1.1.4 TCP/IP 协议

#### 1.网络协议概念

网络协议是管理网络如何通信的规则，网络协议对网络设备之间的通信指定了标准。没有网络协议，设备不能解释由其他设备发送来的信号，数据不能传输到任何地方。大多数网络由于具有理论混合的硬件或软件体系结构而使用多种协议，因此，不仅要了解每种协议，而且要理解它们是如何联合工作的。使用多种协议的网络被称为多协议网络，TCP/IP 是目前为止使用最广泛的网络协议，其次还有 IPX/SPX、NetBIOS、NetBEUI 和 AppleTalk 等。

#### 2.TCP/IP协议模型

TCP/IP 协议（Transfer Controln Protocol/Internet Protocol）叫作传输控制/网际协议，又叫网络通信协议，这个协议是国际互联网络的基础。TCP/IP 不是一个简单的协议，而是一组小的、专业化协议组，包括 TCP、IP、UDP、ARP、ICMP 以及其他的一些被称为子协议的协议。TCP/IP 最大的优势之一是其可路由，也就意味着它可以携带被路由器解释的网络编址信息。TCP/IP 还具有灵活性，可在多个网络操作系统（NOS）或网络介质的联合系统中运行。TCP/IP协议组可被大致分为四层（见表1-1所示）。

（1）应用层。该层包含协议如Winsock API、FTP（文件传输协议）、TFTP（普通文件传输协议）、HTTP（超文本传输协议），SMTP（简单邮件传输协议）以及DHCP（动态主机配置协议），应用程序就是通过该层利用网络来通信的。

（2）传输层。该层包括TCP（传输控制协议）以及UDP（用户数据报协议），这些协议负责提供流控制、错误校验和排序服务，所有的服务请求都使用这些协议。

（3）网络层。该层包括IP（网际协议）、ICMP（网际控制报文协议）、IGMP（网际组报文协议）以及ARP（地址解析协议），这些协议处理信息的路由以及主机地址解析。

表1-1 TCP/IP协议模型

| | |
|---|---|
| 应用层 | FTP，TFTP，HTTP，SMTP，DHCP<br>以及其他应用协议 |
| 传输层 | TCP，UDP |
| 网络层 | IP，ICMP，IGMP，ARP |
| 网络接口层 | 各种通信网络接口（以太网等） |

（4）网络接口层。该层负责处理数据的格式化以及将数据传输到网络电缆。

## 1.2 网络连接设备

传输数据的过程类似于投递邮件所采用的方式。邮车、飞机以及投递员充当传输介质把信息从一个地方搬运到另一个地方。邮局的机器和工作人员解释信封上的地址，并把邮件投递到一个中转站或你的家里。在数据网络中，指导信息尽可能快地到达正确的目的地，这个任务是由网络接口卡、中继器、集线器、网桥、交换机、路由器和网关等来完成的。

### 1.网络接口卡

网络接口卡常被称为网络适配器，简称网卡。我们知道网络接口卡（NIC）是一种连接设备。它们能够使工作站、服务器、打印机或其他节点通过网络介质接收并发送数据（如图1-5所示）。在有些情况下，网络接口卡也可以对承载的数据做基本的解释，而不只是简单地把信号传送给中央处理器（CPU）。

### 2.中继器

中继器是一种放大模拟或数字信号的网络连接设备。因为信号在传输过程中会有所衰减，因此，必须对信号放大以便能够传输得更远一些。中继器（如图1-6所示）没有必要解释它所传输的信号，它们不能降低所传输的信号质量，也不能提高传输的信号质量，更不能纠正错误信号；它们只是转发信号，但同时它们也转发了信号的噪声，从这

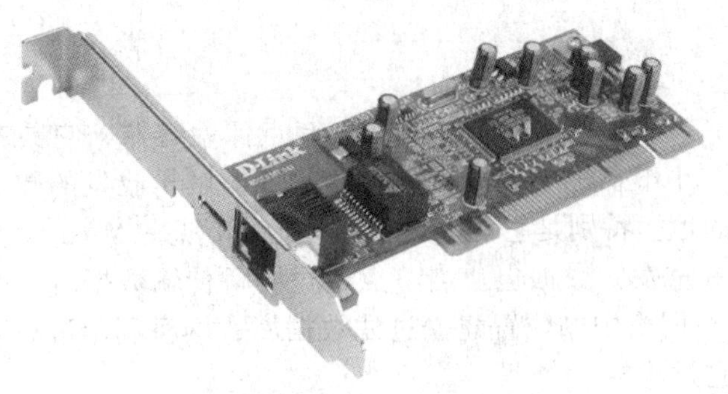


图1-5　网络接口卡（网络适配器）

个意义上讲，它们不是智能设备。中继器不仅功能有限，而且作用范围也有限。一个中继器只包含一个输入端口和一个输出端口，它只能接收和转发数据流。此外，中继器只适用于总线形拓扑结构的网络。

图1-6　中继器

### 3. 集线器

在以太网中，集线器通常是支持星形或混合形拓扑结构的重要设备（如图1-7所示）。在星形结构的网络中，集线器被称为多址访问单元（MAU）。集线器还能与网络中的打印服务器、交换机、文件服务器或其他设备连接。集线器能够支持各种不同的传输介质和数据传输速率，有些集线器还支持多种传输介质的连接器和多种数据传输。

图1-7　集线器

**4.网桥**

网桥（如图1-8所示）这种设备看上去有点像中继器，它具有单个的输入端口和输出端口。它与中继器的不同之处就在于它能够解析收发的数据，并能指导如何把数据传送到目的地。特别是它能够读取目标地址信息（MAC），并决定是否向网络的其他网段转发（重发）数据包。当节点通过网桥传输数据时，网桥就会根据已知的MAC地址和它在网络中的位置建立过滤数据库，网桥利用过滤数据库来决定是转发数据包还是把它过滤掉。

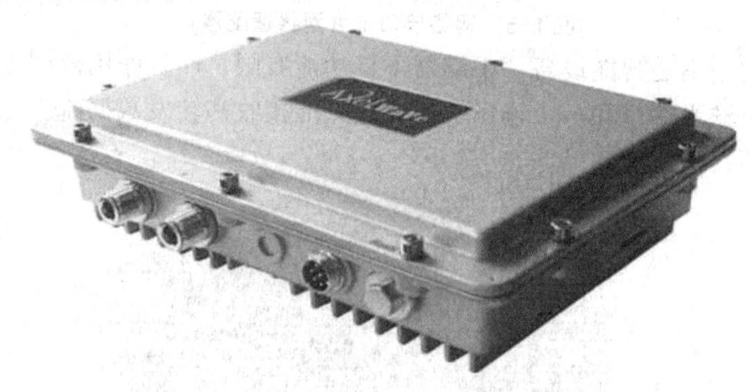

图1-8 网桥

20世纪80年代早期，开发网桥是为了转发同类网络间传递的数据包。此后，网桥已经发展到了可以处理不同类型网络间传递的数据包。尽管更高级的路由器和交换机取代了很多网桥，但它们仍然非常适合某些网络，有些网络需要利用网桥过滤传向各种不同节点的数据以提高网络性能，这些节点因此能用更少的时间和资源侦听数据。

**5.交换机**

随着连接设备硬件技术的提高，已经很难再把集线器、交换机、路由器和网桥相互之间的界限划分得很清楚了。交换机（如图1-9所示）这种设备可以把一个网络从逻辑上划分成几个较小的段，它还能够解析出MAC地址信息。从这个意义上讲，交换机与网桥相似。交换机的每一个端口都扮演着一个网桥的角色，而且每一个连接到交换机上的设备都可以享有它们自己的专用信道。换言之，交换机可以把每一个共享信道分成几个专用信道，从以太网的观点来看，每一个专用信道都代表了一个冲突检测域。

图1-9 交换机

### 6.路由器

路由器（如图1-10所示）是一种多端口设备，它可以连接不同的传输速率并运行于各种环境的局域网和广域网，也可以采用不同的协议。路由器的稳固性在于它的智能性。路由器不仅能追踪网络的某一节点，还能和交换机一样，选择出两节点间的最近、最快的传输路径，同时它可以连接不同类型的网络，使得它成为大型局域网和广域网中功能强大且非常重要的设备。例如，互联网就是依靠遍布全世界的成千上万台路由器连接起来的。

图1-10 路由器

典型的路由器内部都带有自己的处理器、内存等，通常还能管理控制台接口。功能强大并能支持各种协议的路由器有好几种插槽，以用来容纳各种网络接口（RJ-45、BNC、FDDI等），这种具有多种插槽以支持不同接口卡或设备的路由器被称为堆叠式路由器。

对于路由器而言，要找出最优的数据传输路径是一件比较有意义却很复杂的工作。最优路径有可能会受到节点间的转发次数、当前的网络运行状态、不可用的连接、数据传输速率和拓扑结构等因素的影响，为了找出最优路径，各个路由器间要通过路由协议来相互通信。

### 7.网关

网关（如图1-11所示）不能完全归为一种网络硬件，用概括性的术语来讲，它是能够连接不同网络的软件和硬件的结合产品，特别是它可以使用不同的格式、通信协议或结构联接起两个网络系统。网关可以架设在服务器、微机或大型机上，通过重新封装信息的方法使它能够被另一个网络系统所接受。网关必须同应用通信建立联系并管理会话，传输已经编码的数据，并解析逻辑和物理地址数据。

图1-11 网关

# 1.3 网络传输介质

## 1.双绞线

双绞线简称TP，为了降低信号的干扰程度，电缆中的每一对双绞线一般是由两根绝缘铜导线相互扭绕而成，也因此把它称为双绞线。双绞线分为非屏蔽双绞线（UTP）（如图1-12所示）和屏蔽双绞线（STP）（如图1-13所示），它们适合于短距离通信。非屏蔽双绞线价格便宜，传输速度偏低，抗干扰能力较差；屏蔽双绞线抗干扰能力较好，具有更高的传输速度，但价格相对较贵。

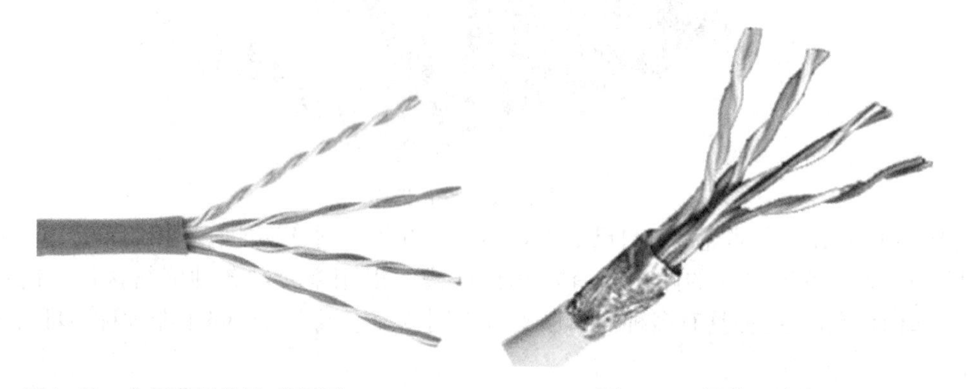

图1-12 非屏蔽双绞线（UTP） 图1-13 屏蔽双绞线（STP）

双绞线一般用于星形网的布线连接，两端安装有RJ-45头（水晶头），连接网卡与交换机等设备，最大网线长度为100米；如果要扩大网络的范围，在两段双绞线之间可安装中继器，最多可安装4台中继器，如安装4台中继器连上5个网段，最大传输范围可达500米。

## 2.同轴电缆

同轴电缆由一根空心的外圆柱导体和一根位于中心轴线的内导线组成，内导线和圆柱导体及外界之间用绝缘材料隔开（如图1-14所示）。它具有抗干扰能力强、连接简单等特点，信息传输速度可达每秒几百兆位。同轴电缆按照直径的不同，可分为同轴粗缆电缆和同轴细缆电缆两种。同轴粗缆电缆传输距离长，性能高，但成本高，网络安装、维护困难，一般用于大型局域网的干线；同轴细缆电缆与BNC网卡相连，两端装50欧姆的终端电阻。根据传输频带的不同，同轴电缆可分为同轴基带电缆和同轴宽带电缆两种类型：

（1）同轴基带电缆。它可传送数字信号，信号占据整个信道，同一时间内能传送一种信号。

（2）同轴宽带电缆。它可传送不同频率的模拟信号。

图1-14　同轴电缆

**3. 光纤**

光纤又称为光缆或光导纤维（如图1-15所示），是由光导纤维纤芯、玻璃网层和能吸收光线的外壳组成的传输介质。其应用光学原理，由光发送机产生光束，将电信号变为光信号，再把光信号导入光纤，在另一端由光接收机接收光纤上传来的光信号，并把它变为电信号，经解码后再处理。与其他传输介质比较，光纤的电磁绝缘性能好、信号衰减小、频带宽、传输速度快、传输距离大。其主要用于要求传输距离较长、布线条件特殊的主干网连接，可以实现每秒万兆位的数据传送。光纤分为单模光纤和多模光纤，需用光纤接头（SC，ST，FC等）连接器连接。

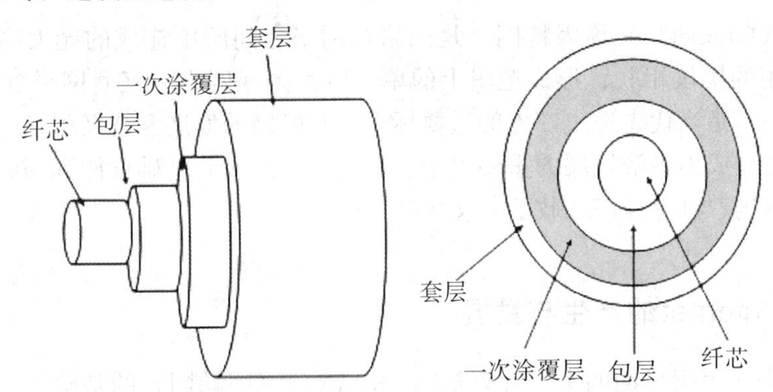


图1-15　光纤

（1）单模光纤。由激光作光源，仅有一条光通路，传输距离长，20千米～120千米。

（2）多模光纤。由二极管发光，短距离，2千米以内。

**4. 无线传输介质**

无线传输介质由于不需要任何物理介质，非常适用于特殊场合，它们的通信频率都很高，理论上都可以承担很高的数据传输速率。

（1）无线电波

无线电波是指在自由空间（包括空气和真空）传播的射频频段的电磁波。无线电技术的原理在于，导体中电流强弱的改变会产生无线电波，利用这一现象，通过调制可将信息加载于无线电波之上。当电波通过空间传播到收信端，电波引起的电磁场变化又会在导体中产生电流；通过解调将信息从电流变化中提取出来，就达到了信息传递的目的。

（2）微波

微波是指频率为300MHz～300GHz的电磁波，是无线电波中一个有限频带电磁波的简称，即波长在1米（不含1米）到1毫米之间的电磁波，是分米波、厘米波、毫米波和亚毫米波的统称。微波频率比一般的无线电波频率高，通常也称为“超高频电磁波”。微波的基本性质通常呈现为穿透、反射、吸收三个特性，对玻璃、塑料和瓷器，微波几乎可以穿越而不被吸收，水和食物等就会吸收微波而使自身发热；金属类东西，则会反射微波。

（3）红外线

红外线是太阳光线中众多不可见光线中的一种，太阳光谱上红外线的波长大于可见光线，波长为0.75微米～1 000微米。红外线可分为三部分，即近红外线，波长为0.75微米～1.50微米；中红外线，波长为1.50微米～6.0微米；远红外线，波长为6.0微米～1 000微米。红外线通信需要在可视距离下进行。

## 1.4 互联网无处不在

互联网（Internet）又称因特网，是网络与网络之间所串连成的庞大网络，这些网络以一组通用的协议相联，形成逻辑上的单一巨大国际网络。互联网是20世纪的重大科技发明之一，是当代先进生产力的重要标志。互联网的发展和普及引发了前所未有的信息革命，已经成为经济发展的重要引擎、社会运行的重要基础设施和国际竞争的重要领域，深刻影响着世界经济、政治、文化的发展。

### 1.4.1 Internet的产生与发展

Internet是在美国早期的军用计算机网ARPANET（阿帕网）的基础上经过不断发展变化而形成的。Internet的起源主要可分为以下几个阶段：

**1.Internet的雏形阶段**

1969年，美国国防部高级研究计划局（Advance Research Projects Agency，ARPA）开始建立一个命名为ARPANET的网络。当时建立这个网络的目的是军事需要，计划建立一个计算机网络，当网络中的一部分被破坏时，其余网络部分会很快建立起新的联系。人们普遍认为这就是Internet的雏形。

### 2.Internet的发展阶段

美国国家科学基金会（National Science Foundation，NSF）在1985年开始建立计算机网络NSFNET。NSF规划建立了15个超级计算机中心及国家教育科研网，用于支持科研和教育的全国性规模的NSFNET，并以此作为基础，实现同其他网络的连接。NSFNET成为Internet上主要用于科研和教育的主干部分，代替了ARPANET的骨干地位。1989年，MILNET（由ARPANET分离出来）实现和NSFNET连接后，就开始采用Internet这个名称。自此以后，其他部门的计算机网络相继并入Internet，ARPANET宣告解散。

### 3.Internet的商业化阶段

20世纪90年代初，商业机构开始进入Internet，使Internet开始了商业化的新进程，成为Internet大发展的强大推动力。1995年，NSFNET停止运作，Internet已彻底商业化了。

## 1.4.2 Internet的主要功能

Internet上有丰富的信息资源，我们可以通过Internet方便地寻求各种信息。当你进入Internet后就可以利用其中各个网络和各种计算机上无穷无尽的资源，同世界各地的人们自由通信和交换信息以及去做通过计算机能做的各种各样的事情，充分使用Internet为我们提供的各种服务。

### 1.Internet上提供了高级浏览WWW服务

WWW服务，也叫万维网服务，是我们登录Internet后最常用到的Internet功能。当我们进入Internet后，有一半以上的时间都是在与各种各样的Web页面打交道。在基于Web方式下，我们可以浏览、搜索、查询各种信息，可以发布自己的信息，可以与他人进行实时或者非实时的交流，可以游戏、娱乐、购物等。

### 2.电子邮件E-mail服务

在Internet上，电子邮件（或称为E-mail系统）是使用频率很高的网络通信工具，E-mail已成为备受欢迎的通信方式。你可以通过E-mail系统同世界上任何地方的朋友互通电子邮件。不论对方在何处，只要他可以进入Internet，那么你发送的电子邮件只需要很短的时间就可以到达对方的邮箱了。

### 3.远程登录Telnet服务

远程登录就是通过Internet进入和使用远距离的计算机系统，就像使用本地计算机一样。远程的计算机可以在同一间屋子里，也可以远在数千公里之外。它使用的工具是Telnet，一旦连通，计算机就成为远程计算机的终端，你可以注册（login）进入系统成为合法用户，执行操作命令，提交作业，使用系统资源。在完成操作任务后，通过注销（logout）退出远程计算机系统，同时也退出Telnet。

**4. 文件传输FTP服务**

FTP（文件传输协议）是Internet上最早使用的文件传输程序。它同Telnet一样，使用户能登录到Internet的一台远程计算机，把其中的文件传送回自己的计算机系统；或者反过来，把本地计算机上的文件传送并装载到远方的计算机系统。利用这个协议，我们就可以远程下载数据或者远程更新站点了。

**5.USENET新闻服务**

USENET是一个世界范围的电子公告板，用于发布公告、新闻和各种文章供大家使用。USENET的每个论坛又称为新闻组，如同报纸一样，每篇来稿被看成一篇文章，每个访问者都可以阅读，并且都可以根据自己的观点发表评论。

### 1.4.3 宽带路由器共享接入互联网

目前主流的网络环境是小区宽带，设置相对简便灵活。首先连接路由器，如果需要经过上网猫（modem），那么需要把路由器按照上网猫→路由器→电脑这样的顺序用网线连接；如果无需上网猫，则可以直接将入户网线连接到路由器上。将进线插在路由器的WAN口（一般是蓝色口），然后跟电脑连接的网线就可以插到一个LAN口上。无线路由器拓扑结构，如图1-16所示。

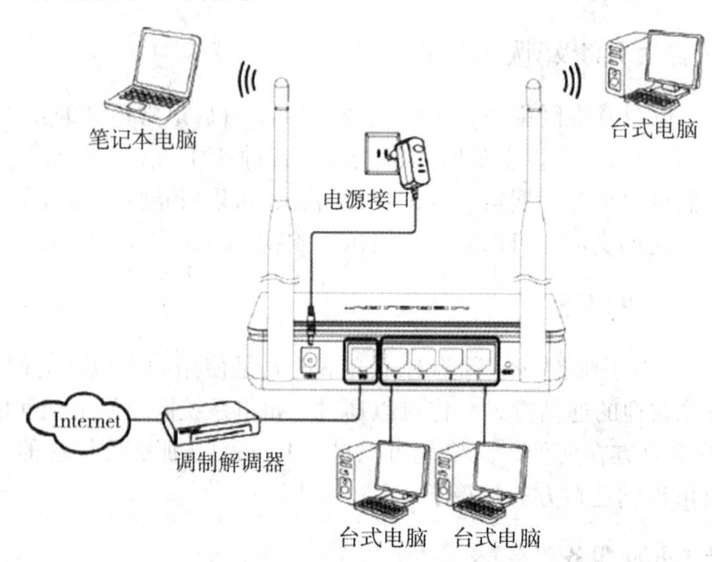


图1-16　无线路由器拓扑结构

做好这些工作后，看到路由器后面有一个地址和账号密码，地址一般是192.168.1.1。需要更改电脑的IP地址同路由器在一个网段地址上，如192.168.1.2，然后接通电源设置路由器各项参数。

(1) 打开浏览器，在地址栏输入192.168.1.1，在弹出的对话框中输入用户名：admin，密码：admin，登录无线路由器（如图1-17所示）。

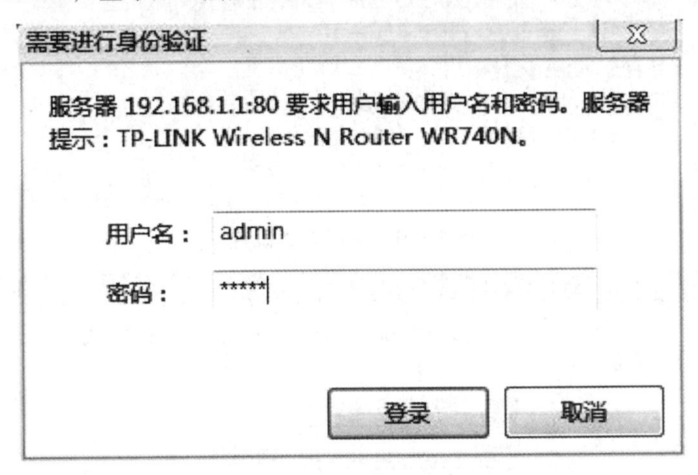


图1-17　登录无线路由器

(2) 进入无线路由器设置首页（如图1-18所示），在左侧可以看到"设置向导"命令，选择该命令进入线设置系统（首次进入设置系统也可能自动弹出设置窗口）。

图1-18　无线路由器设置首页

(3) 单击"下一步"按钮，进入上网方式设置，我们可以看到有三种上网方式的选择，如果你家是拨号的话那么就用PPPoE。动态IP一般电脑直接接入网络就可以用，上层有DHCP服务器。静态IP一般是专线的或者是小区宽带等（如图1-19所示）。

(4) 选择PPPoE拨号上网就要填上网账号和上网口令，这里指的是开通宽带时的账号和密码（如图1-20所示）。

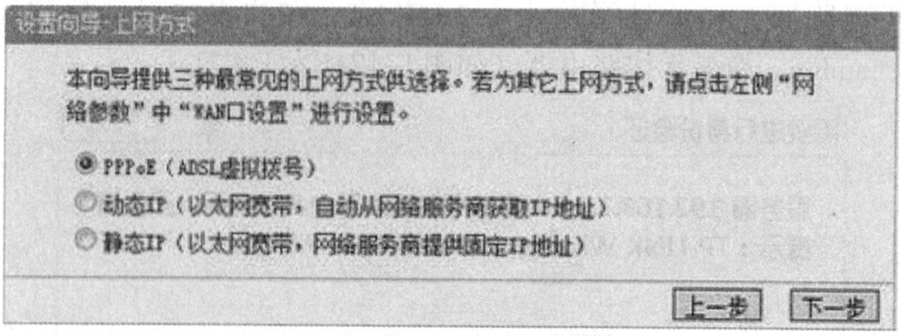

图1-19　上网方式设置

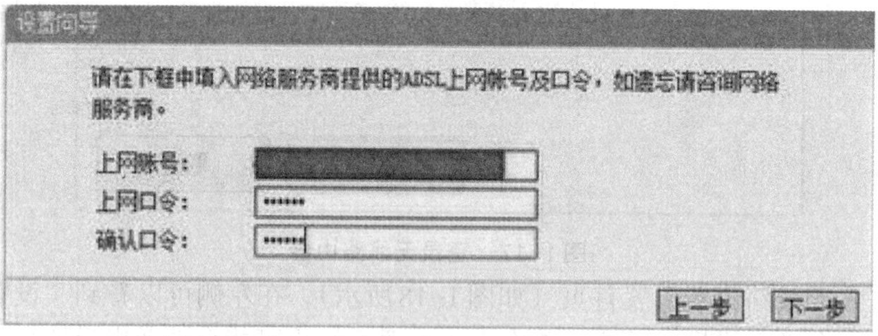

图1-20　上网账号和上网口令设置

（5）单击“下一步”按钮后进入无线设置界面，可以看到信道、模式、无线安全选项、SSID等，一般SSID就是一个名字，可以随便填，模式大多用11bgn无线安全选项，选择wpa-psk/wpa2-psk更加安全（如图1-21所示）。

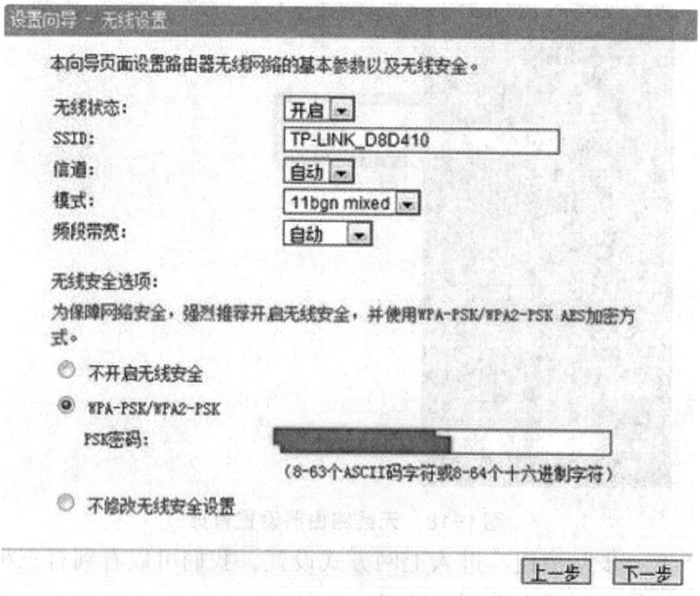

图1-21　无线设置界面

（6）单击“完成”按钮，路由器会自动重启，成功设置后可以查看到路由器的状态信息（如图1-22所示）。此时，便可以使用无线设备连接路由器上网，如果是计算机设备需要无线连接，必须事先安装好无线网卡设备，再连接路由器进行使用。

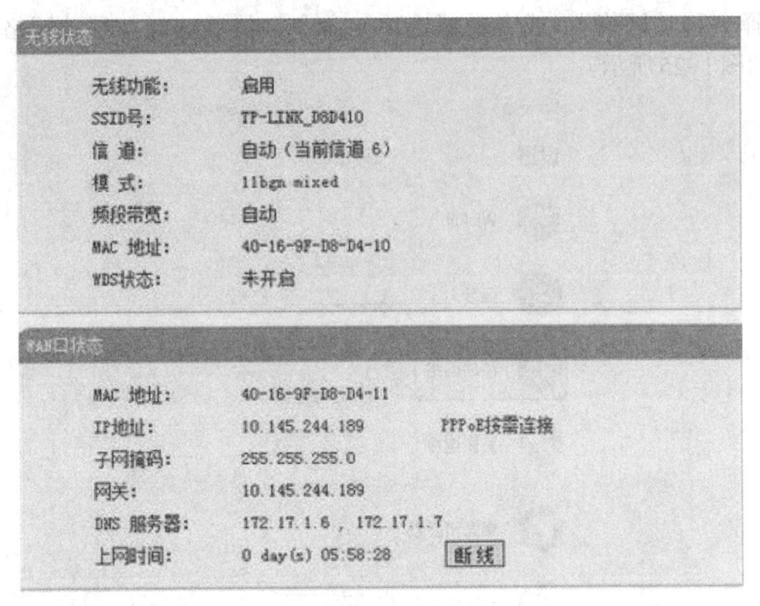


图1-22　无线路由器的状态信息

### 1.4.4　通过手机无线设备热点接入互联网

手机是否可以将自身的4G/5G网络分享给其他人或者设备？当然可以。通过在手机上建立WIFI的方式可以让其他手机或设备连接此热点从而能够上网，下面以安卓系统手机为例，介绍如何设置无线热点（其他移动设备类似）。

（1）在手机系统应用中找到“设置”，单击打开（如图1-23所示）。

图1-23　“设置”选项

（2）选择“移动网络”（或者类似选项）命令，然后选择“移动网络共享”命令（如图1-24和图1-25所示）。

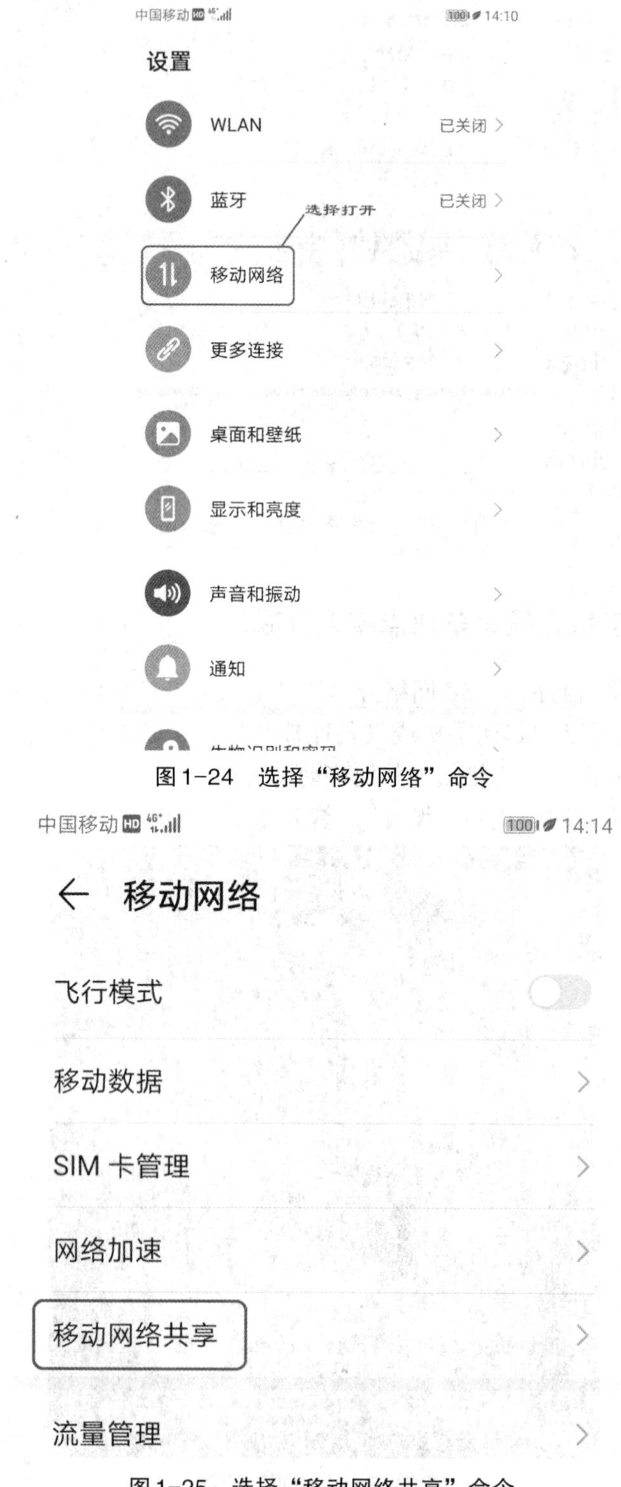


图1-24 选择“移动网络”命令



图1-25 选择“移动网络共享”命令

（3）在列表中找到“便携式WLAN热点”命令，选择该命令（如图1-26所示）。

图1-26　“WLAN热点”命令

（4）首先选择“配置WLAN热点”命令（如图1-27所示），设置WLAN热点的WIFI相关属性（如：WIFI名，WIFI密码，最大连接数）进行设置后保存（如图1-28所示）。

图1-27　“配置WLAN热点”命令

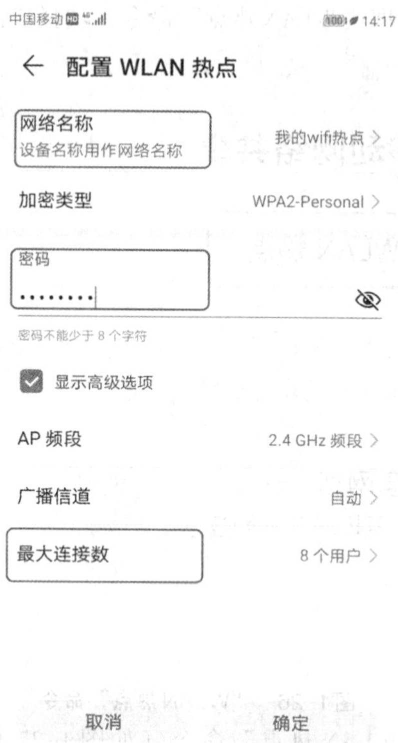

图1-28　设置WLAN热点

（5）将热点开关设置为开启状态，同时设置单次流量限制（如图1-29所示）。

图1-29　开启WLAN热点

（6）这样，一个WLAN热点就建好了，其他设备可以打开WIFI开关看到并连接此WIFI（如图1-30和图1-31所示）。

图1-30　WLAN热点捕捉

图1-31　连接WLAN热点

# 1.5 Internet域名系统和IP地址

## 1.5.1 域名系统

大多数人对字词的记忆能力比对数字的记忆能力要强，人们更倾向于把名称与网络设备联系起来，而不愿意记忆IP地址。因此，全球Internet管理机构为Internet上所有节点建立一套命名系统，用来建立IP地址与域名地址的对应关系数据库。

域名解析系统（DNS），简称域名系统，是采用层次结构基于“域”的体系，每一层由一个子域名组成，子域名间用“.”分隔，其格式为：机器名．网络名．机构名．最高域名。通常，域名与公司或其他类型组织联系在一起，比如，某公司的域名是fin.example.com，如果该公司的一台主机，主机命名为www，则完整主机名（也称完全认证主机名）是www.fin.example.com，这是一个三级的域名，www.baidu.com则是一个二级域名。

Internet上的域名由域名解析系统DNS统一管理。DNS是一个分布式数据库系统，由域名空间、域名服务器和地址转换请求程序三部分组成，用来实现域名和IP地址之间的转换。DNS体系层次结构，如图1-32所示。

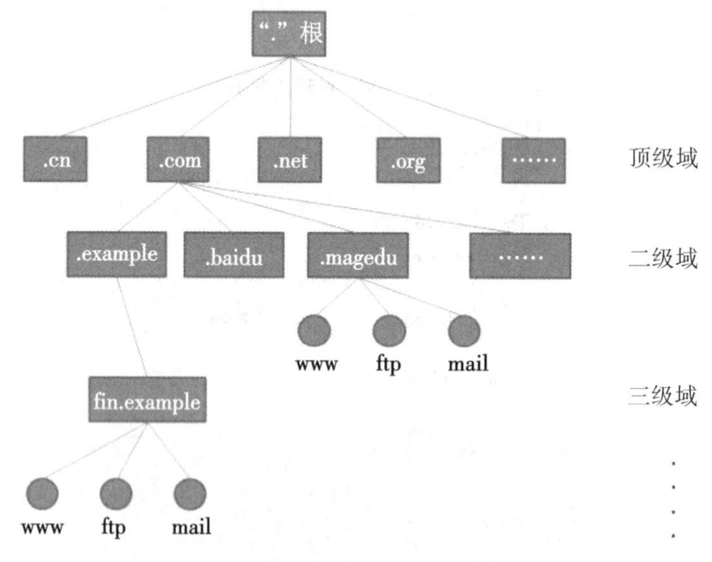


图1-32 DNS体系层次结构

域名必须向Internet命名机构申请，如果你借助于ISP，则ISP会替你向Internet命名机构申请其他人尚未占用的域名。Internet上每个组织域也都有自己的后缀，这些后缀也被称为最高级域（TLD）。每个国家也有自己的域后缀，比如，中国域后缀为“.cn”，俄罗斯域后缀为“.ru”。表1-2列出了常见的TLD。

表1-2 常见域名命名规范

| 域后缀 | 组织类型 |
| --- | --- |
| com | 商业 |
| edu | 教育 |
| gov | 政府部门 |
| org | 非商业组织（比如非营利性机构） |
| net | 网络（比如ISP） |
| int | 国际协同组织 |
| arpa | 预留查询域（特殊Internet功能） |

一旦某机构注册了一个域名，则其他机构就不能再使用相同的域名注册了。同时主机名有许多命名限制，可以使用最多63个字符的字母数字组合，其中也可以包含连字符、下划线或点号，不允许使用其他字符。

### 1.5.2 IP地址

每台联网的计算机设备上都需要有IP地址才能正常通信，它是Internet上每台电脑的编号。我们可以把“个人电脑”看作“一台电话”，那么“IP地址”就相当于“电话号码”，而Internet中的路由器，就相当于电信局的“程控式交换机”。

#### 1.IP地址的表示方法

IP地址是一个32位的二进制数，通常被分为4个“8位二进制数”组，也就是4个字节。为了方便人们使用，IP地址通常用“点分十进制”表示成“a.b.c.d”的形式，其中a、b、c、d都是0~255之间的十进制整数。例如：点分十进制IP地址100.4.5.6，实际上是32位二进制数“01100100.00000100.00000101.00000110”。

#### 2.IP地址分类

最初设计互联网络时，为了便于寻址以及层次化构造网络，每个IP地址包括两个标识码（ID），即网络ID和主机ID。同一个物理网络上的所有主机都使用同一个网络ID，网络上的一个主机（包括网络上工作站、服务器和路由器等）有一个主机ID与其对应。IP地址根据网络ID的不同分为5种类型，A类地址、B类地址、C类地址、D类地址和E类地址（如图1-33所示）。其中A、B、C是基本类，分别适用于大型、中型、小型网络（见表1-3所示），D、E类作为多播和保留使用。

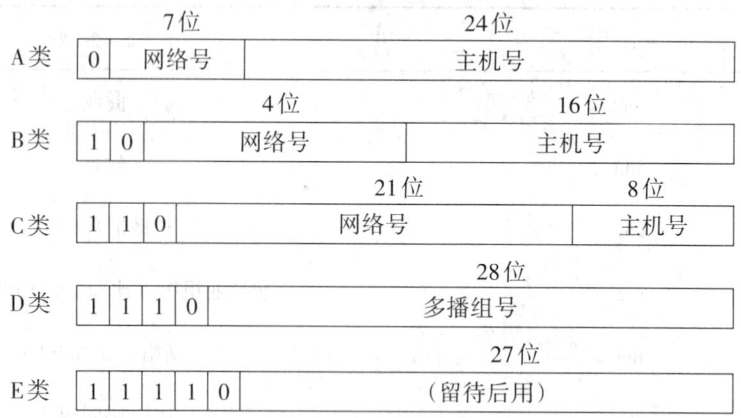


图1-33　IP地址分类及逻辑结构

（1）A类IP地址

A类IP地址由1个字节的网络地址和3个字节的主机地址组成，网络地址的最高位必须是“0”，地址范围从1.0.0.1到126.255.255.254。可用的A类网络有126个，每个网络能容纳16 777 214个主机，适用于大型网络。

（2）B类IP地址

B类IP地址由2个字节的网络地址和2个字节的主机地址组成，网络地址的最高位必须是“10”，地址范围从128.0.0.1到191.255.255.254。可用的B类网络有16 382个，每个网络能容纳65 534个主机，适用于中型网络。

表1-3　IP地址分类范围

| 网络类 | 首十进制数 | 网络数目（个） | 包含的主机数（个） |
| --- | --- | --- | --- |
| A | 1 ~ 126 | 126 | 16 777 214 |
| B | 128 ~ 191 | 16 382 | 65 534 |
| C | 192 ~ 233 | 2 097 150 | 253 |

（3）C类IP地址

C类IP地址由3个字节的网络地址和1个字节的主机地址组成，网络地址的最高位必须是“110”。地址范围从192.0.0.1到223.255.255.254。可用的C类网络有2 097 150个，每个网络能容纳253个主机，适用于小型网络。

（4）D类地址

D类IP地址第一个字节以“1110”开始，地址范围从224.0.0.1到239.255.255.254，目前这一类地址被用在多点广播（Multicast）中。多点广播地址用来一次寻址一组计算机，它标识共享同一协议的一组计算机。

（5）E类地址

E类IP地址以“1110”开始，为将来使用保留，地址范围从240.0.0.1到255.255.255.254。

### 3.特殊的IP地址

特殊的IP地址不能分配给主机作为有效的通信IP地址使用（见表1-4所示）。

表1-4　特殊的IP地址

| 地址名称 | 地址含义 | 实例 |
| --- | --- | --- |
| 网络地址（全0地址） | 主机地址位全部清“0”，表示该网段的网络地址 | 192.168.2.0表示该C类网络的网络地址 |
| 直接广播地址（全1地址） | 主机地址位全部置“1”，表示该网段的广播地址 | 192.168.2.255表示该C类网络的广播地址 |
| 回送地址 | 以“127”开头的地址，用于网络测试以及本地计算机间通信测试 | 127.0.0.1 |

### 4.子网掩码

子网掩码又称网络掩码、地址掩码、子网络遮罩等，它是一种位掩码，用来指明一个IP地址的哪些位标识的是主机所在的子网地址，哪些位标识的是主机的地址。子网掩码不能单独存在，它必须结合IP地址一起运算。子网掩码只有一个作用，就是将某个IP地址划分成网络地址和主机地址两部分。不同类的IP地址所对应使用的默认子网掩码也不同（见表1-5所示）。

表1-5　默认子网掩码

| 网络类 | 默认子网掩码 |
| --- | --- |
| A类 | 255.0.0.0 |
| B类 | 255.255.0.0 |
| C类 | 255.255.255.0 |

通过IP地址的二进制与子网掩码的二进制进行运算，确定某个设备的网络地址和主机号，也就是说通过子网掩码分辨一个网络的网络部分和主机部分。子网掩码一旦设置，网络地址和主机地址就固定了。与IP地址相同，子网掩码的长度也是32位，也可以使用十进制的形式表示。例如，采用二进制形式的子网掩码为：11111111.11111111.11111111.00000000，它的十进制形式的子网掩码为：255.255.255.0。

### 5.网关地址

网络上每个节点只有一个缺省网关，该网关地址可以手工或自动分配（自动分配网关是通过诸如DHCP的设备实现的）。当然，如果本地网络只包含一个网段，并且没有与Internet连接起来，则设备不需要缺省网关。

每个缺省网关都有自己的IP地址（在许多情况下，网关地址就是该网段路由器上的接口地址)。工作站10.3.105.23(工作站A)使用10.3.105.1网关处理请求，工作站10.3.102.75(工作站B)使用10.3.102.1网关处理请求(如图1-34所示)。

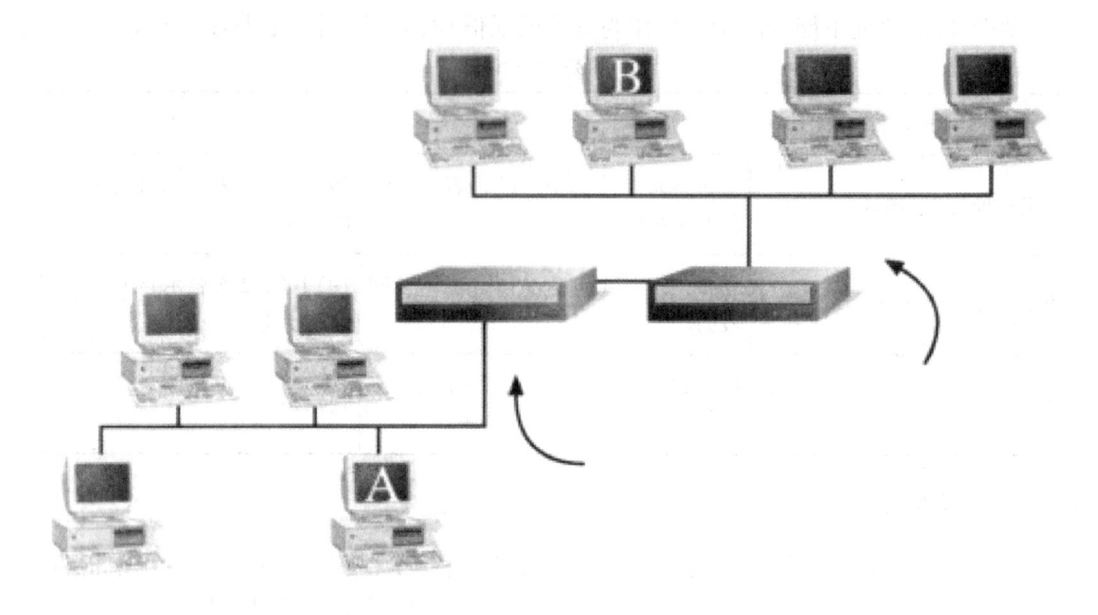


图1-34 使用缺省网关

## 1.5.3 设置主机IP地址

我们可以通过手工给每个设备分配IP地址，也可以借助动态主机配置协议(DHCP，Dynamic Host Configuration Protocol)服务为一组设备自动地分配地址。手工分配的地址被称为静态地址，如果网络技术人员不重新配置设备，则IP地址不会变化；DHCP服务自动分配的地址被称为动态地址，设备获得的地址会发生变化。不管IP地址是手工分配还是自动分配，网络管理员必须确保按照规划正确地分配IP地址，并且IP地址不能超出本网络有效的IP地址范围。以下是设置主机IP地址的例子：

(1)在控制面板中选择“网络和共享中心”选项命令。

(2)打开网络和共享中心(如图1-35所示)，单击“更改适配器设置”链接文字，在打开的“网络连接”窗口中直接双击“本地连接”图标即可。请注意：默认情况下，有线网卡的连接名称为“本地连接”，无线网卡的连接名称为“无线连接”。

(3)在“本地连接”图标打开后，单击“属性”按钮，出现“本地连接属性”对话框，其中有TCP/IPv4和TCP/IPv6两种协议供大家设置。由于现阶段TCP/IPv6协议还未普及，故本例双击“Internet协议版本4(TCP/IPv4)”项目(如图1-36所示)。

(4)打开TCP/IPv4对应的“属性”对话框后(如图1-37所示)，如果要使用DHCP自动分配IP地址方式，则需要选择“自动获得IP地址”选项。如果要手动分配IP地址，则选择“使用下面的IP地址”单选按钮，然后输入IP地址、子网掩码、默认网关和DNS服务器地址。至此，设置IP地址就完成了。

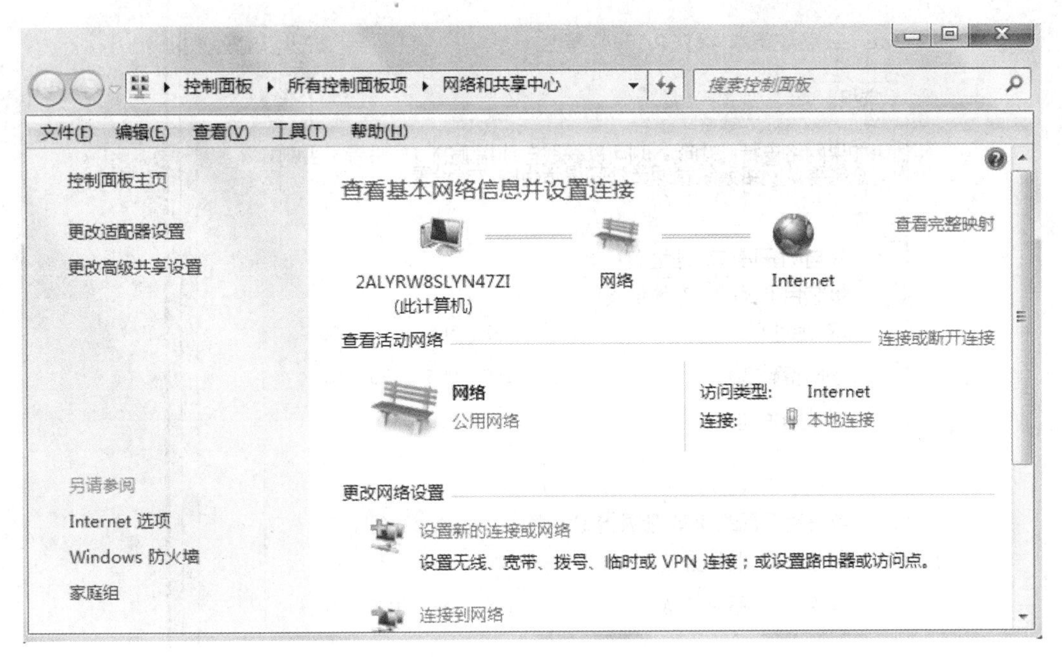


图1-35　网络和共享中心

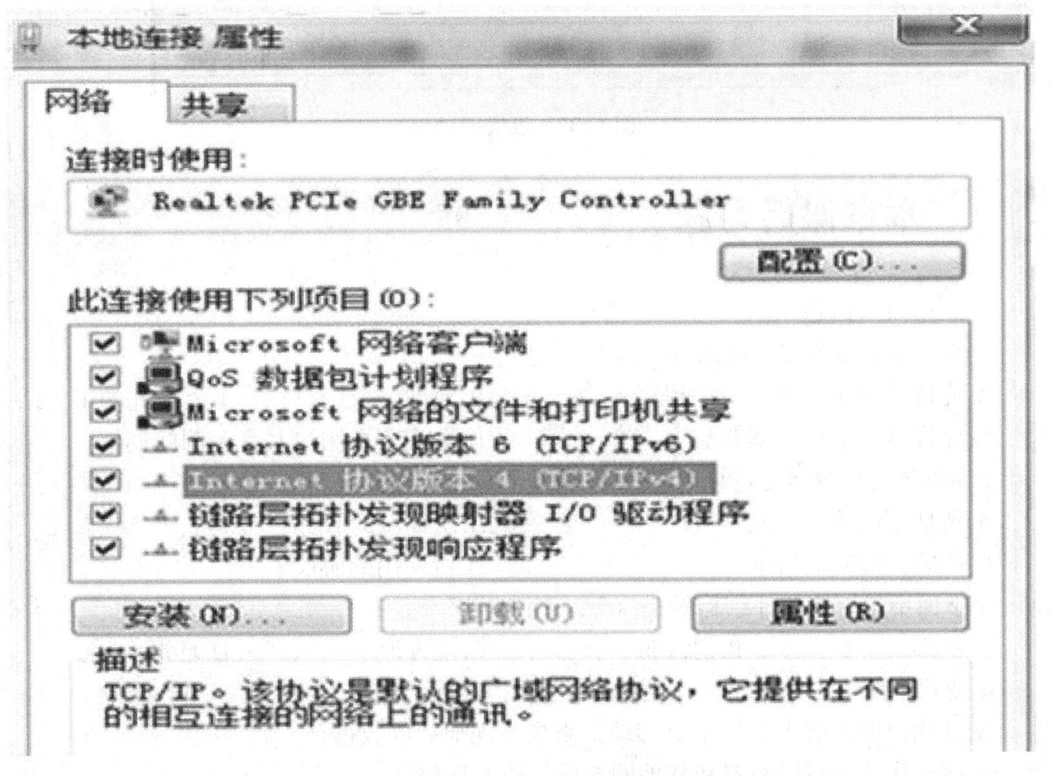


图1-36　本地连接属性

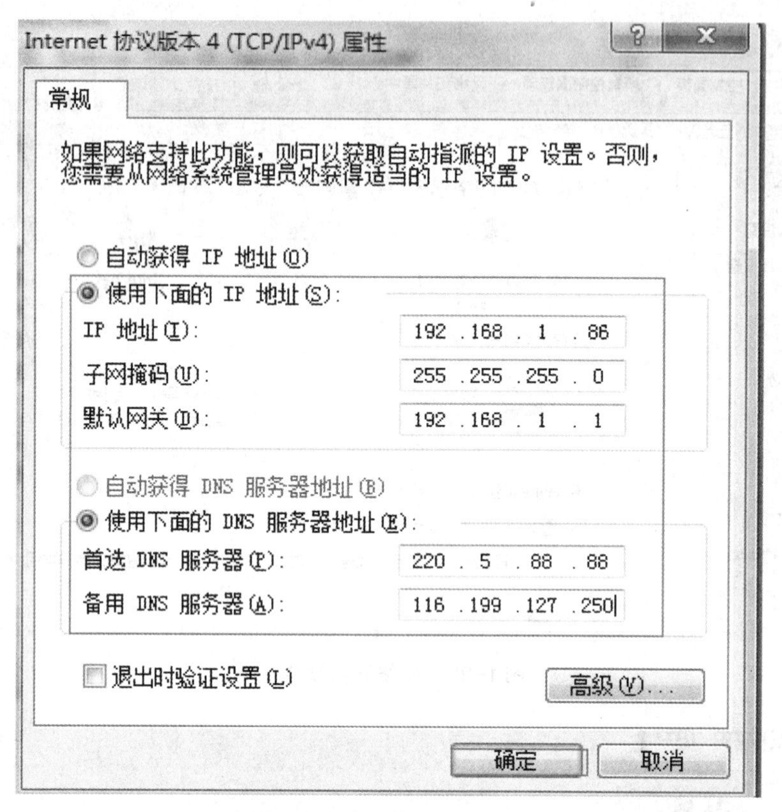


图1-37 设置IP地址

## 本章课后习题

一、单项选择题

1.所有基于服务器的网络（ ）。

A.允许多个用户共享应用程序　　B.允许多个用户相互进入彼此的工作站

C.允许多个用户共享软盘　　D.允许多个用户共享调制解调器

2.局域网与广域网之间的差异不仅在于它们所能覆盖的地理范围，还在于（ ）。

A.所使用的传输介质　　B.所提供的服务

C.所能支持的通信量　　D.所使用的协议

3.下面不是网络拓扑结构的是（ ）。

A.星形　　B.总线形　　C.立方形　　D.环形

4.要保证网络中的每个工作站有唯一的网络地址，这是因为（ ）。

A.使用户能在多个工作站上移动，直到发现他们的数据

B.使工作站能与服务器和其他网络的工作站通信

C.使工作站能从文件服务器请求处理优先权

D.使用户能让技术支持人员识别他或她的机器

5.下列逻辑拓扑结构或网络传输模型，使用星形总线拓扑结构的是（　　）。

A.以太网　　B.全网状　　C.半网状　　D.令牌环网

6.Internet是广域网拓扑结构（　　）类型的例子。

A.端到端　　B.环形　　C.网状　　D.分层

7.下面为路由器主要功能的是（　　）。

A.选择转发到目标地址所用的最佳路径

B.重新产生衰减了的信号

C.把各组网络设备归并进一个单独的广播域

D.向所有网段广播信号

8.IP协议属于TCP/IP模型的有（　　）。

A.网络接口层　　B.网络层　　C.传输层　　D.应用层

9.TCP协议属于TCP/IP模型的有（　　）。

A.网络接口层　　B.网络层　　C.传输层　　D.应用层

10.在（　　）网络中，可以发现使用IP地址193.12.176.55的工作站。

A.A类　　B.B类　　C.C类　　D.D类

11.下面（　）是回送地址。

A.1.1.1.1　　B.255.255.255.0　　C.1.0.1.0　　D.127.0.0.1

12.B类地址的网络部分使用了（　　）个八位字节。

A.4　　B.3　　C.2　　D.1

13.255.255.255.255地址的另外一种称呼为（　　）。

A.组播地址　　B.广播地址　　C.反馈地址　　D.RARP地址

14.A类地址的缺省子网掩码为（　　）。

A.255.0.0.0　　B.255.255.0.0

C.255.255.255.0　　D.255.255.255.254

15.在下列传输介质中，（　　）传输介质的抗电磁干扰性最好。

A.双绞线　　B.同轴电缆　　C.光缆　　D.全部

二、操作题

1.请根据家庭网络的使用环境，设计一个网络拓扑结构。

2.尝试给个人电脑配置静态地址信息。

# 第2章　浏览和搜索信息

互联网常用的两种查询信息方法，一是通过网页浏览器浏览，二是通过搜索引擎。网页浏览器是显示网页服务器或档案系统内的文件，并与文件互动的一种软件，它用来显示在万维网或局域网内的文字、影像及其他信息。搜索引擎则是根据一定的策略，运用特定的计算机程序搜集互联网上的信息，在对信息进行组织和处理后，将处理后的信息显示给用户，是为用户提供检索服务的系统。

## 2.1　统一资源定位符

在万维网上浏览或查询信息，必须在浏览器上输入查询目标的地址，这就是统一资源定位符——URL。统一资源定位符是对可以从互联网上得到的资源位置和访问方法的一种简洁表示，是互联网上标准资源的地址。互联网上的每个文件都有一个唯一的URL，它包含的信息指出文件的位置以及浏览器应该怎么处理它，例如，http：//www.xinhuanet.com表示新华社的Web服务器地址。

在使用浏览器时，网址通常在浏览器窗口上部的Location或URL框中输入和显示。下面是一些URL的例子：

http：//www.ccw.com.cn，“计算机世界”主页。

http：//www.cctv.com，央视网首页。

http：//www.sohu.com，“搜狐”网站的主页。

## 2.2　IE浏览器的使用

### 2.2.1　打开浏览器

电脑成功连接上网后，可以运用浏览器去浏览网页。常用的浏览器是Windows操作系统自带的IE浏览器。

用鼠标右键单击桌面上IE浏览器的图标，选择“打开主页”命令（如图2-1所示），或用鼠标左键快速双击IE浏览器的图标，弹出浏览器窗口（如图2-2所示），本案例中浏览器窗口默认为“http：//www.baidu.com”的首页页面。在图2-2所示的浏览器窗口中：

图2-1　打开主页

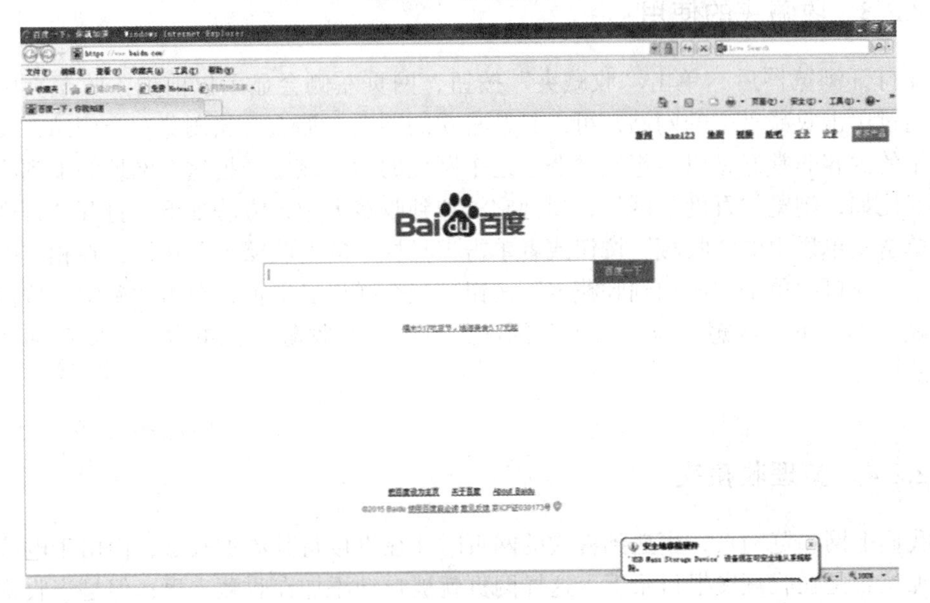


图2-2　浏览器窗口

第一行是标题栏。标题栏的最右端是这个窗口的最小化、最大化（还原）和关闭按钮。

第二行是地址栏。是输入网址的地方，可以在地址栏中输入网址，找到想要进入的网站。

第三行是菜单栏。单击相应的按钮，可以出现下拉菜单，显示可以使用的菜单命令。

第四行是标准工具栏。列出了常用的工具按钮，用户可以不用打开菜单，而是单击相应的按钮来快速地执行命令。

中间的窗口区域就是浏览区。这是用户查看网页内容的区域，也是对用户来说最感兴趣的地方。

最下面一行是状态栏。它显示当前用户正在浏览的网页的下载状态、下载进度和区域属性。

### 2.2.2 "前进""后退"按钮的使用

当从一个网页进入到另一个网页时，就可以浏览到相应的内容了。如果想回到上一个页面，可以单击浏览器窗口左上方的"后退"（"←"）按钮，就回到上一个页面。回到上一个主页面后，会发现屏幕上方的"前进"（"→"）按钮也是"亮色"显示了，如果单击"前进"（"→"）按钮就又回到第一个页面了。在这里请注意："前进"或"后退"按钮若是"灰色"的显示，则表明是不可执行的，如果不想浏览本页的内容，可以直接把该窗口关闭了。

### 2.2.3 收藏夹的使用

在打开浏览器后，单击"收藏夹"按钮，网页左侧会显示以前加入收藏夹中的内容，通过单击收藏夹中的网站，可以打开喜欢的网页。那么，当浏览一个网站，发现这个网站的内容非常好，以后想经常登录这个网址的话，该怎样把这个网址添加到收藏夹中呢？比如，浏览"百度"网站，想把它添加到收藏夹中，方法如下：打开"百度"网站，单击菜单栏中的"收藏"按钮或者单击工具栏中的"收藏夹"按钮，在相应的下拉菜单中或窗口中单击"添加到收藏夹"按钮，就会弹出对话框，单击"确定"按钮，完成收藏。如果下一次想浏览"百度"网站，只需打开收藏夹，单击"百度"网站名称即可。

### 2.2.4 整理收藏夹

我们上网浏览网页，当遇到喜欢的网页时往往直接将其添加收藏，而由于电脑默认的添加位置是在收藏夹根目录下，这样网页就被自动添加在收藏夹里；但是当收藏的网页越来越多的时候，就会发现收藏夹下的众多网页查找起来十分不方便，这时就需要整理收藏夹了，方法如下：

进入到"添加收藏"或"添加到收藏夹"对话框，单击"新建文件夹"按钮，进入"新建文件夹"对话框，输入需要建立的不同类型的文件夹名称，然后确定文件夹位置（可以将它建立在收藏夹根目录下，也可以建立在收藏夹下已有的文件夹中），单击"确定"完成。

如果想整理收藏夹下的众多网页，可单击"整理收藏夹"按钮，进入"整理收藏夹”对话框，选择对话框右侧的网页，单击“移动至文件夹”按钮，将不同类型的网页收藏到不同类型的文件夹中，这样就可以让收藏夹里的内容变得十分简洁、规范了。

### 2.2.5　主页的设定

在浏览某个网页的过程中，如果单击标准工具栏中的“主页”按钮，可回到事先设定的网页上，这个页面就是主页。通俗地讲，主页就是在运行浏览器时最先显示的网站。主页是可以设置的，如果现在想把“百度”网站设为主页，方法如下：

第一种方法：打开IE浏览器，选择“工具”→“Internet选项”命令（如图2-3所示）。

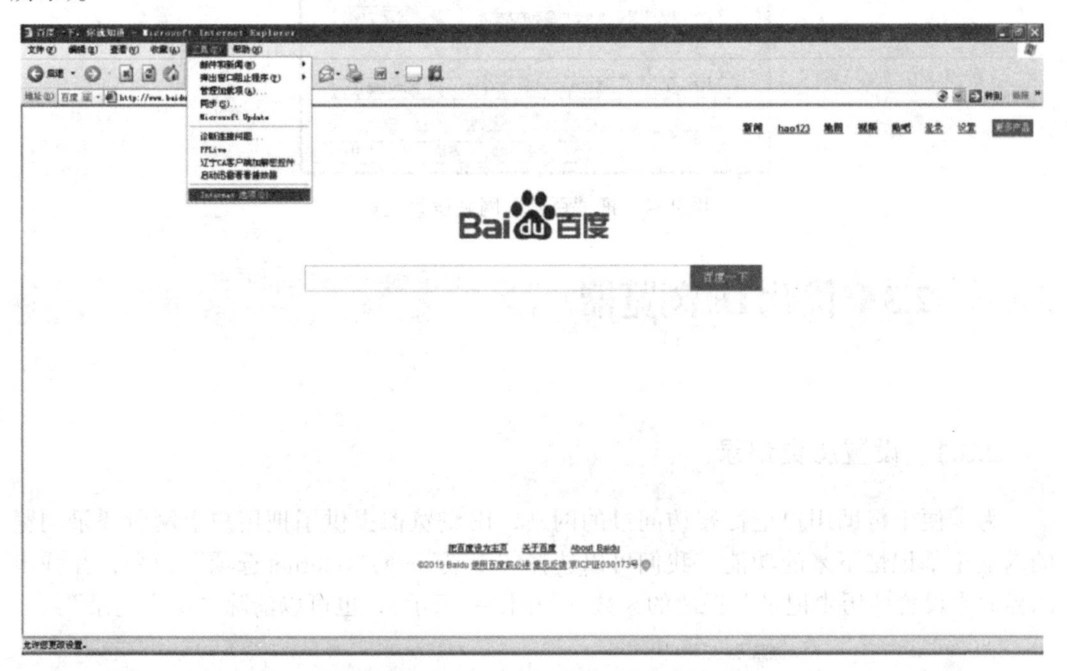


图2-3　选择“工具”→“Internet选项”命令

进入“Internet选项”对话框，在“主页”项的地址中输入：“http://www.baidu.com”，然后单击“确定”按钮，即可把“百度”网站设为主页（如图2-4所示）；如果当前打开的网页就是http://www.baidu.com，那么直接选择“使用当前页”命令，再单击“确定”按钮，也可以把“百度”网站设为主页。关闭浏览器，再重新打开浏览器，窗口就会直接显示“百度”网站的页面了。若在主页选项中选择“使用空白页”命令，然后单击“确定”按钮，那么再运行浏览器时，页面就变为空白页了。

第二种方法：运行浏览器，打开“百度”网站。在网站的首页下方，就有“把百度设为首页”的提示，只需单击这些字，就可以把“百度”网站设为主页了。如果有些网站没有这些提示，这种方法就不能用了。

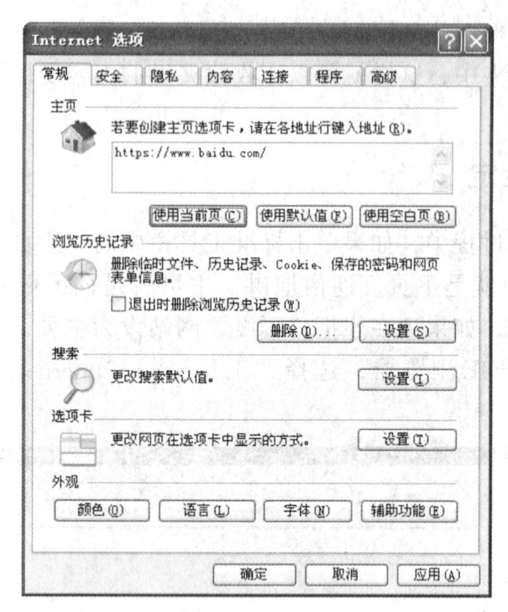


图2-4　把“百度”网站设为主页

## 2.3　优化IE浏览器

### 2.3.1　设置历史记录

为了便于帮助用户记忆曾访问过的网站，IE浏览器提供了把用户上网所登录浏览的网址全部记忆下来的功能。我们可以选择“工具”→“Internet选项”命令，在弹出的界面中设置“历史记录”保留的天数（如图2-5所示）；也可以清除“历史记录”。

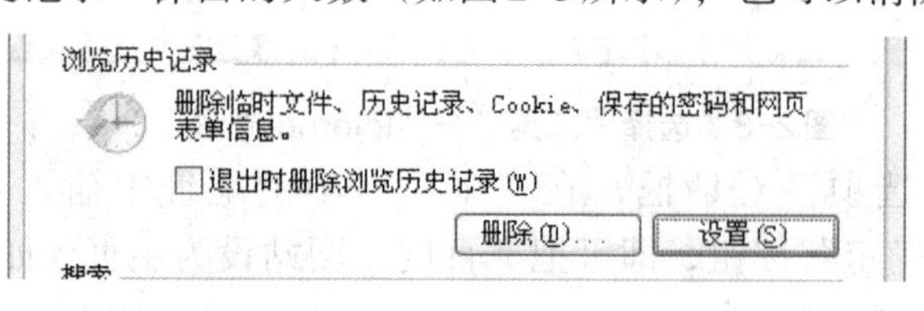


图2-5　对“历史记录”进行设置

### 2.3.2　安全设置

选择“工具”→“Internet选项”→“安全”→“Internet”→“自定义级别”命令，然后进行相关的设置。在这里可以对“ActiveX控件和插件”“Java”“脚本”“下载”“用户验证”等安全选项进行选择性设置：如“启用”“禁用”“提示”“管理员认可”等。如果对相关选项不熟悉，可在“重置为”的下拉框中选择相应的安全级别，然后单击“确定”按钮，让修改生效（如图2-6所示）。

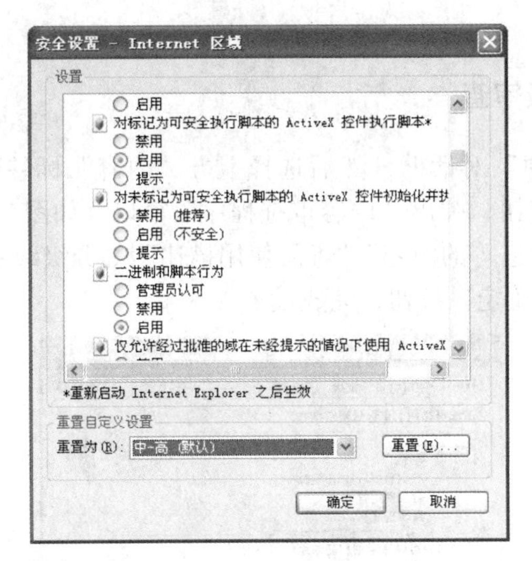


图2-6　安全设置

### 2.3.3　Cookies设置

了解Cookie作用的很多人都知道，Cookie里面保存着我们所浏览过的网页的记录，如账号、密码等。若该文件被盗取或者篡改，那么个人安全信息就有可能泄露。因此，我们有必要对Cookie进行设置。

进入IE浏览器的“Internet选项”对话框，在“隐私”标签中找到“设置”界面（如图2-7所示），然后通过滑块来调节Cookie的设置，从高到低划分为：“阻止所有Cookie”“高”“中高”“中”“低”“接受所有Cookie”六个级别（默认级别为“中”）。

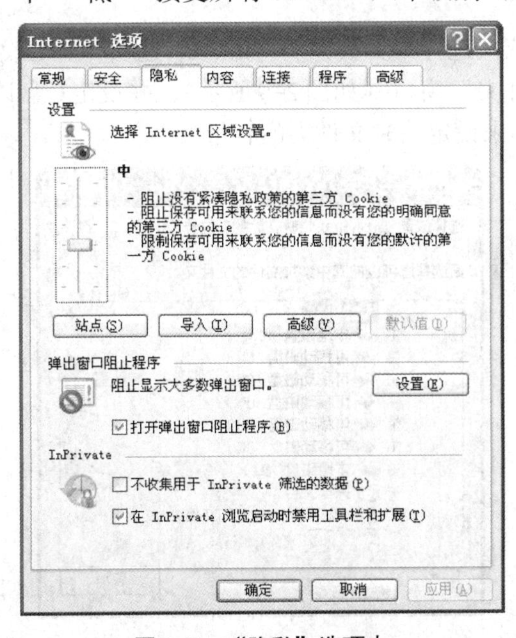


图2-7　“隐私”选项卡

### 2.3.4 设置分级审查

进入“Internet选项”对话框，然后选择上方“内容”标签，在“内容审查程序”一栏中单击“启用”按钮，弹出“内容审查程序”窗口（如图2-8所示），随后可以对“暴力”“产生恐惧、胁迫等的内容”“毒品使用描述”等分级级别，通过调节滑块设置受限内容，最后单击“确定”按钮，完成设置。

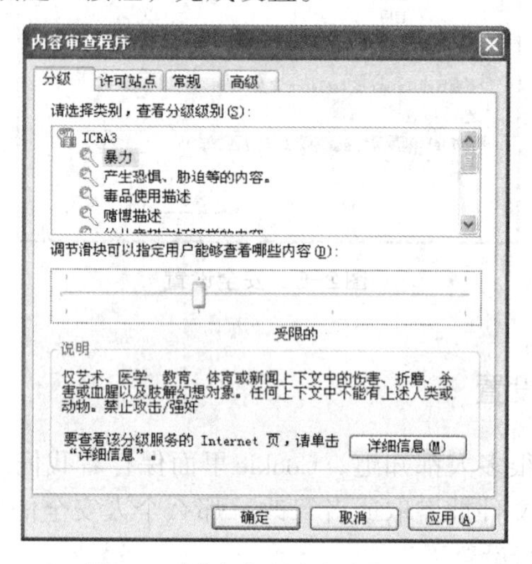


图2-8 “内容审查程序”界面

### 2.3.5 改变临时文件的位置

打开IE浏览器，依次选择“工具”→“Internet选项”→“设置”→“移动文件夹”命令，进入“浏览文件夹”窗口（如图2-9所示），并设定C盘以外的路径，然后再依据自己硬盘空间的大小来设定临时文件夹的容量大小。

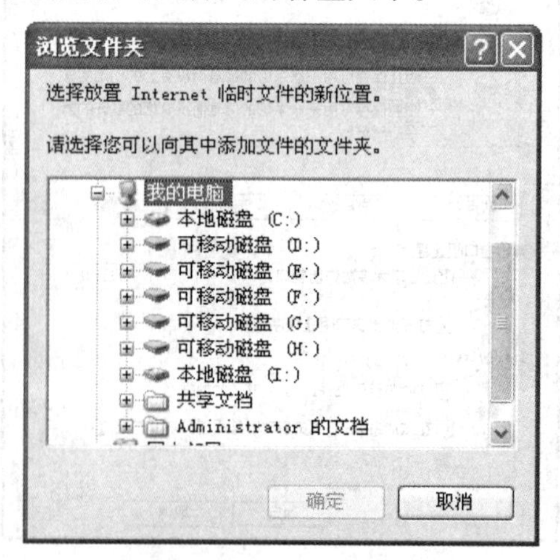


图2-9 浏览文件夹窗口

# 2.4 使用浏览器的一些技巧

## 2.4.1 快速到达根目录

当正在使用IE浏览器浏览网页时，如果想要在硬盘中查找资料的话，一般会把浏览器最小化后再返回资源管理器中去查找；其实只要在地址栏中输入“\”再按回车键就可以快速到达硬盘的根目录，之后单击“后退”（“←”）按钮又可以直接返回到原来浏览的网页上了。

## 2.4.2 快速输入地址

可以在IE浏览器的地址栏中键入某个单词后，比如sina，再按下“Ctrl+Enter”键，这时IE浏览器就会自动开始浏览这个单词对应的网站，不需要再重新搜索。

## 2.4.3 快速查看历史记录

IE浏览器利用其缓存功能可以将用户最近浏览过的信息保存下来，用户可以在脱机状态下启动IE浏览器，选择“文件”→“脱机工作”命令激活脱机浏览功能，然后单击“历史”按钮，从而打开IE浏览器的历史记录窗口。

# 2.5 其他常用的浏览器简介

## 2.5.1 傲游浏览器

傲游浏览器是一款多功能、个性化、多标签的浏览器，它能有效地减少浏览器对系统资源的占用率，提高网上冲浪的效率。经典的傲游5.x，拥有丰富实用的功能设置，支持各种外挂工具及插件。傲游5.x采用开源Webkit核心，具有符合互联网标准、渲染速度快、稳定性强等优点，并对最新的HTML5标准有着相当高的支持度，可以实现更加丰富的网络应用。2020年，傲游浏览器发布了最新版本——傲游6。

## 2.5.2 360安全浏览器

360安全浏览器是360安全中心推出的一款基于IE和Chrome双内核的浏览器，是世界之窗开发者凤凰工作室和360安全中心合作的产品。其与360安全卫士、360杀毒软件等产品一同成为360安全中心的系列产品。360安全浏览器存有目前我国最大的恶意网址库，采用恶意网址拦截技术，可自动拦截恶意网址；其采用独创沙箱技术，在隔离模式下即使访问木马也不会被感染。

### 2.5.3 火狐浏览器

火狐浏览器（Mozilla Firefox，正式缩写为Fx）是一个开源（指的是这个软件的源代码是公开的）网页浏览器，使用Gecko引擎，支持多种操作系统。

## 2.6 保存当前网页的全部内容

如果用户想完整地保存当前网页的全部内容，则方法如下：

（1）进入待保存的网页，选择“文件”→“另存为”命令（如图2-10所示），进入“保存网页”对话框。

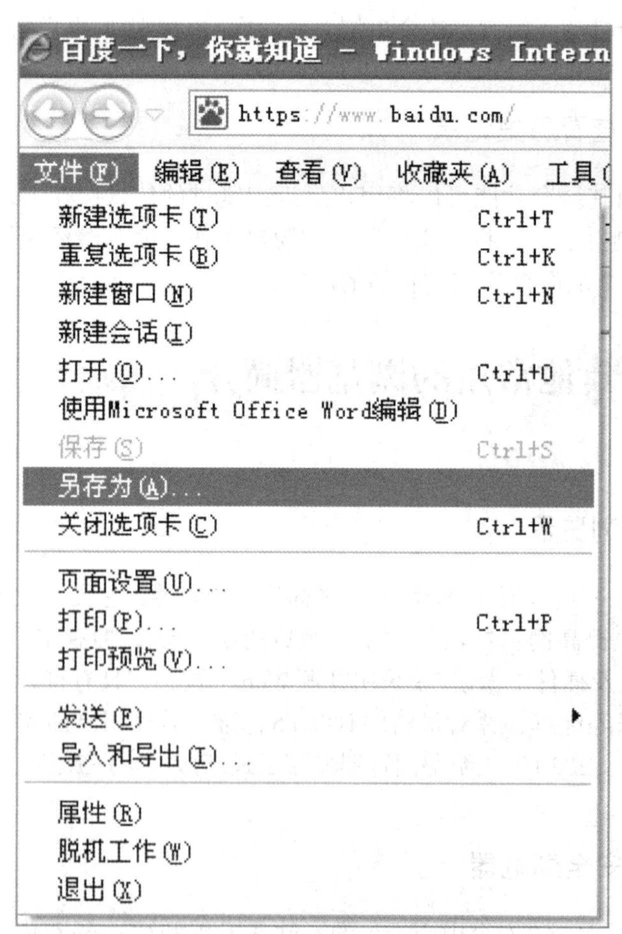


图2-10 选择“文件”→“另存为”命令

（2）指定文件保存的位置、文件名、保存类型和编码（如图2-11所示）。本例中选择“Web档案，单个文件（*.mht）”，编码选择“简体中文（GB2312）”，单击“保存”按钮。

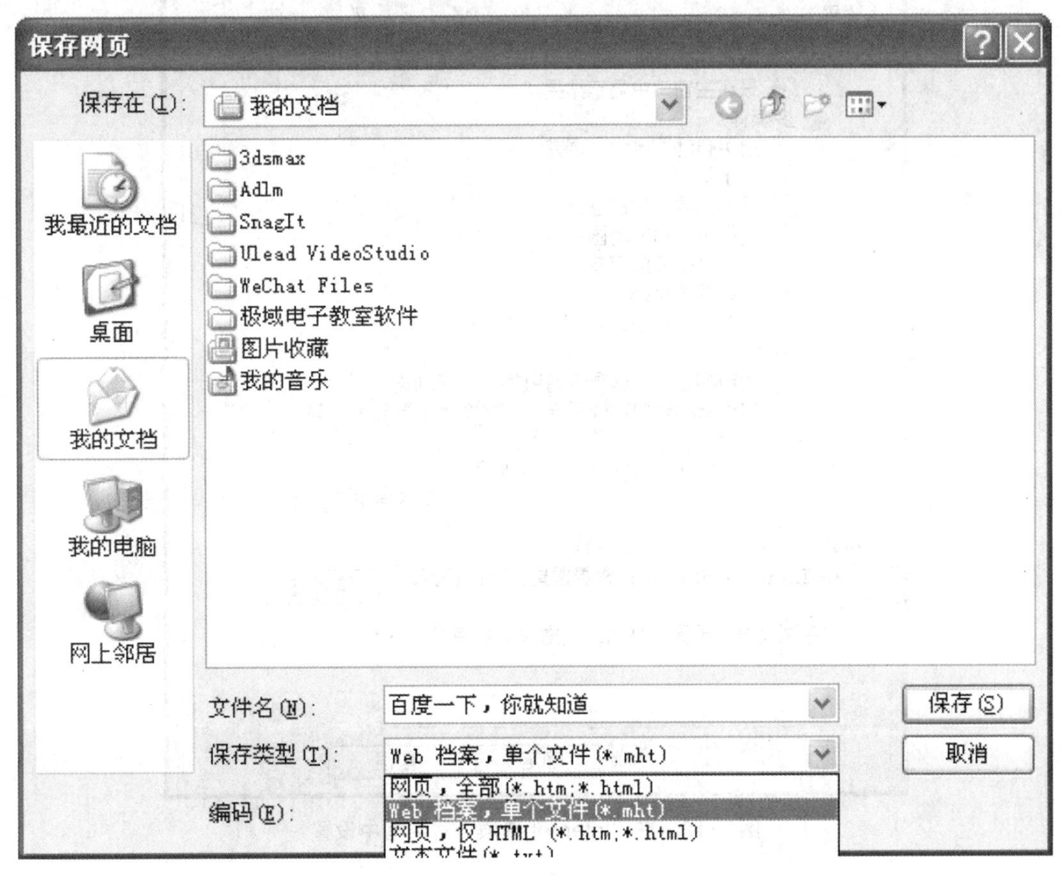


图2-11　在“保存网页”对话框设置

## 2.7　加快网页的下载速度

一般情况下，打开一个网页时，网页上的图片、动画、声音等多媒体信息都会被载入，这样的话网页载入的速度会很慢。如果要加快网页的下载速度，可将上述多媒体信息有选择地禁止。

具体方法：在网页上选择“工具”→“Internet选项”→“高级”命令，在“设置”中找到“多媒体”（如图2-12所示），将里面的“在网页中播放动画*”、“在网页中播放声音”和“显示图片”前面复选框里的“勾号”清除，单击“确定”按钮，这样完成了需要的设置，该网页上的图片、动画、声音就会消失。假如在浏览时要再次查看图片，可以在相应对象的图标上单击右键，在菜单中选择“显示图片”命令，就可以播放和显示该图片了。

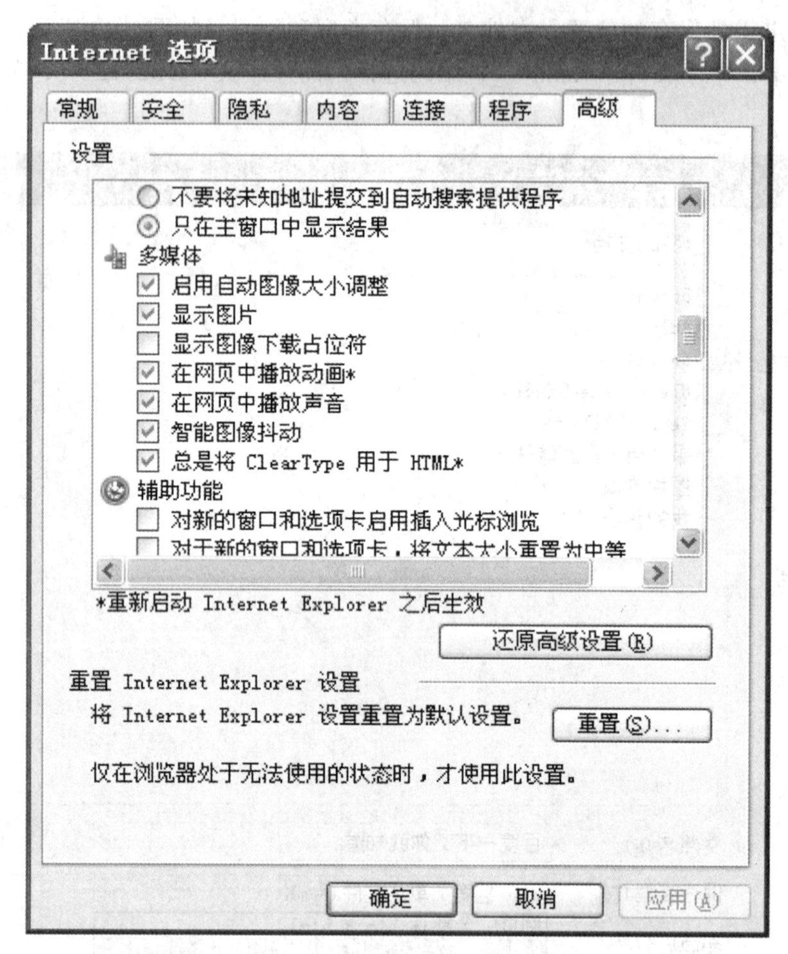


图2-12 在“Internet 选项”对话框中设置

## 2.8 搜索的基本概念

### 2.8.1 搜索引擎的工作原理

搜索引擎的基本工作原理包括如下过程：首先在互联网中发现、搜集网页信息；同时对信息进行提取和组织建立索引库；再由检索器根据用户输入的查询关键字，在索引库中快速检出文档，进行文档与查询的相关度评价，对将要输出的结果进行排序，并将查询结果返回给用户。

### 2.8.2 关键字和关键字的使用

所谓关键字，就是希望访问者了解的产品、服务或者公司等内容名称的用语。简单地说，关键字就是用户在使用搜索引擎时输入的、能够最大程度概括用户所要查找的信息内容的字或者词，是信息的概括化和集中化。

如何确定关键词呢，首先确定要找的是资料性文档还是产品或服务，然后分析信息的共性以及区别于其他同类信息的特性，从中提炼出最具代表性的关键词。

确定关键词时需要掌握以下原则：表述准确，关键词中不能含有错别字。关键词与主题要关联且关键词要简练。目前的搜索引擎还不能很好地处理自然语言，因此在提交搜索请求时，要把自己的想法提炼成简单的、与希望找到的信息内容主题关联的关键词，减少一些无关的限定词。比如，当需要查找初中语文课本中范仲淹的《岳阳楼记》翻译成现代文的有关信息时，从字面上就可以找出“初中”“语文”“范仲淹”“岳阳楼记”“现代文”等关键词，进一步分析，《岳阳楼记》是名人名篇，在很多的文学资料中都会出现，不仅仅是在初中语文课本中出现，因此“初中”“语文”这两个关键词的搜索限制较多，应去掉。在杂志和书籍中看到古文翻译成现代文一般标注有“译文”两字，“现代文”是口头语，在资料中出现的次数不多，因此将关键词“现代文”改为“译文”，而“范仲淹”“岳阳楼记”是两个关键的必备词，经过提炼后，形成“范仲淹”“岳阳楼记”“译文”这3个关键词，就能准确地搜索到需要的内容。当把关键词确定后，就可以打开搜索引擎网站，在搜索框中输入关键词搜索了。

## 2.9　搜索关键词与关键词的使用

### 2.9.1　搜索引擎的使用技巧

在实际应用中，用普通方法进行搜索时，如果发现内容太杂乱，没有达到预期的搜索目的，为了使搜索结果更精确，就需要掌握一些搜索的高级方法。

**1.掌握搜索引擎的一些特定语法**

（1）用intitle把搜索范围限定在网页标题中。网页标题通常是对网页内容提纲挈领，把查询内容范围限定在网页标题中，有时能获得良好的效果，用“intitle:”是把查询内容的关键部分连起来达到目的。例如：使用关键词“计算机 intitle：搜索”，就可以搜到网页标题中包含“搜索”以及网页内容包含“计算机”的网页。注意“intitle:”和后面的关键词之间不能加空格。

（2）用site把搜索范围限定在特定网站中。有时候，如果知道某个站点中有自己需要找的内容，就可以把搜索范围限定在这个站点中，提高查询效率。使用方式是在查询内容的后面加上“site：站点域名”。例如：使用关键词“QQ site：skycn.com”进行搜索，就可以在skycn.com网站搜索到QQ软件，搜索的结果要精确得多。注意“site:”后面跟的站点域名，不要带“http：//”，“site:”和站点域名之间不要带空格。

（3）用inurl把搜索范围限定在URL中。网页URL中的某些信息，常常含有某种有价值的信息。对搜索结果做某种限定，可以获得良好的效果。例如，在一般软件使用技巧网页的URL中一般含有“jiqiao”这一字串，如果要找关于Excel使用技巧的网页，就可以使用语法——“inurl：关键词”，输入“excel inurl：jiqiao”能够查到需要的网页；注意，“inurl:”和后面所跟的关键词中间不能有空格。

（4）用filetype把搜索范围限定在规定的文件类型中。在很多情况下，信息量大的专业报告或者论文都不是以网页的形式存在的，而是以特定的文件格式存在的。比如，要了解中国互联网的状况，需要找一个全面的评估报告，而这些重要文档在互联网上存在的方式，往往不是网页格式，而是Office文档或者PDF文档。要想寻找这类资源，除了构建合适的关键词之外，还必须限定文档格式。在百度中以“filetype:”这个语法来对搜索对象做限制，冒号后是文档格式，如PDF、DOC、XLS等。例如，使用关键字“环保 filetype：pdf”，就可以搜索到与环保相关的PDF文档。

除了上述命令外，还有其他一些特殊搜索命令，如“daterange:”（限定搜索的时间范围）以及“phonebook:”（查询电话）等。

**2.用双引号和书名号进行精确匹配搜索**

如果输入的中文关键词较长，搜索引擎在经过分析后会将关键词拆分。例如，输入“上海科技大学”，搜索引擎会将“上海科技大学”拆分成“上海”“科技”“大学”等关键词后进行搜索，精确度比较低，只要将关键词加上双引号，搜索引擎就不会将关键词进行拆分了，返回的结果就比较精确了。

书名号是百度独有的一个特殊查询语法。在其他搜索引擎中，书名号会被忽略，而在百度中，中文书名号是可被查询的。加上书名号的查询词，有两层特殊功能，一是书名号会出现在搜索结果中，二是被书名号扩起来的内容不会被拆分。书名号在某些情况下特别有效果，如输入关键词“手机”，搜索引擎给出的结果是通信工具——手机；而输入关键词“《手机》”，返回结果就是名为《手机》的电影或小说。

**3.用相关搜索来矫正关键词**

有时由于选择的关键词不妥当，甚至不能确定什么关键词，使搜索效果不佳，返回的结果没有达到预期目标，就可以参考搜索结果页面下方列出的别人使用过的相关的关键词，来获得一些启发并矫正搜索关键词。相关搜索一般在搜索结果页的下方，按搜索热度排序。

**4.利用拼音和错别字提示来修正关键词**

由于中文的词汇丰富，如果只知道某个词的发音，却不知道怎么写或者嫌某个词输入太麻烦，在搜索中只要输入关键词的汉语拼音，搜索引擎就可以将最符合要求的对应汉字提示出来；如输入“wang fang”，百度在搜索框的下方就会提示：“王芳”“王方”“王房”等，这时选择相应的条目就可以修正关键词。

另外，由于汉字输入法的局限性，在搜索时经常会输入一些错别字，导致搜索结果不佳。比如，要搜索“糖醋排骨”，而在搜索框中输入的是“唐醋排骨”，百度会在搜索框的下方提示："您要找的是不是：糖醋排骨"。通过提示，修正关键词后再进行搜索，就可以搜索到需要的结果。

**5.使用多种搜索引擎进行交叉搜索，取长补短**

比较常用的搜索引擎百度和Google，它们都收集互联网中的绝大部分信息，由于数据库的容量和编排方式的差别，不可能每个搜索引擎都面面俱到，在某个搜索引擎中没有找到合适的结果，可以用其他的搜索引擎试试，进行查漏补缺、取长补短，也许能得到满意的结果。

### 2.9.2　用好搜索引擎的衍生功能

对于普通用户而言，熟练掌握搜索的基本方法和几种搜索技巧就可以了。而搜索引擎还提供了诸如词典、天气预报、列车时刻表、百度知道等功能，用好这些衍生功能，会使您的工作更加得心应手。

**1.英汉互译词典的使用**

当在百度词典的搜索框里输入一个外语单词，或者输入一个汉字词语时，就可以得到高质量的互译结果。百度词典不但能翻译普通的外语单词、词组、汉字词语，甚至还能翻译常见的成语。

**2.计算器和度量衡转换**

Windows系统自带的计算器功能过于简单，尤其是无法处理一个复杂的计算式，很不方便。而百度和Google的网页搜索内嵌了计算器功能，能快速高效地解决计算的需求。只需简单地在搜索框内输入计算式，就可以在搜索框的下方看到计算结果。如果要搜的是含有数学计算式的网页，而不是做数学计算，单击搜索结果上的表达式链接，就可以达到目的。

度量衡的转换也是搜索引擎为我们提供的一个特色功能，比如，在搜索框中输入"-5摄氏度=？华氏度"，然后按回车键，就可以在搜索框的下方看到结果。

**3.股票、列车时刻表和飞机航班查询**

使用百度搜索引擎在百度搜索框中输入股票代码、列车车次或者飞机航班号，你就能直接获得相关信息。

**4.天气查询**

使用百度搜索引擎在搜索框中输入你要查询的城市名称加上"天气"这个词，能获得该城市当天及未来两天的天气情况。

### 5. 百度知道

当我们在工作、生活中碰到难解的问题时，就可以使用百度知道来进行查询，你会发现输入的问题也许其他人已经咨询过了，并且许多的网友都给予了答复。比如，选择百度知道，在搜索框中输入“哪些食物不宜存放在冰箱中?”，再单击“搜索答案”按钮，就可以看到网友对上述问题的提问或给出答复的网页。如果同样的问题没有人问过，你也可以单击“我要提问”按钮来提问、咨询。

## 2.9.3 使用高级搜索界面进行搜索

如果需要过滤海量信息，或需要搜索特定时间的、特定文件类型的或比较专业的信息时，就需要使用高级搜索了。使用百度高级搜索的步骤如下：首先打开百度官方网站首页，选择“设置”→“高级搜索”命令，然后在“高级搜索”的设置界面，设置相关要求，最后单击“高级搜索”按钮完成。

# 本章课后习题

一、单项选择题

1. 有很多网站提供制作网页的素材图库，其中的图片一般都是（ ）格式的，文件体积小，占有空间少，因而广泛应用于网页制作方面。

A.JPEG B.TIF C.GIF D.BMP

2. 每一个搜索引擎也是一个（ ），它的主要功能是为人们搜索Internet网上的信息 并提供获得所需信息的途径。

A. 客户端 B. 网站 C. 对话框 D. 程序

3.Cookies是一种（ ）。

A. 标记 B. 脚本 C. 表格 D. 程序

4. 搜索关键字“intitle”可以（ ）。

A. 限定链接地址 B. 限定文件类型

C. 限定时间 D. 限定网络标题

5.URL叫作（ ）。

A. 资源定位符 B. 用户连接

C. 网络连接 D. 资源子网

6. 以下不属于浏览器的是（ ）。

A. 傲游浏览器 B. 火狐浏览器

C.360浏览器 D. 资源浏览器

7. 在IE浏览器的地址栏中键入某个单词后，快速输入网址的快捷方式是（ ）。

A. “Shift+Enter” B. “Alt+Enter”

C.“Ctrl+Enter” D.“Esc+Enter”

8.以下不属于搜索引擎常用的特定语法的是（ ）。

A.Time B.Site C.Inurl D.Filetype

二、操作题

1.设置IE浏览器主页为“www.163.com”，并优化IE浏览器。

2.收藏5个网站，并分类整理收藏的站点。

3.使用任意一种搜索引擎，搜索当地的旅游资源情况。

# 第3章　下载并存储文件

互联网在现实生活中应用广泛，为我们的工作和生活带来了很大的方便。我们可以在互联网上聊天、玩游戏、查阅资料，还经常需要把在互联网上查找到的电影、游戏、教育、音乐、软件等文件资源下载到本地硬盘，下面我们就介绍在互联网上下载文件资料的方法。

## 3.1　通过浏览器下载

通过浏览器下载资源是最常见的网络下载方式之一。在需要保存网页及网页中的文字、图片、Flash等资源的时候，使用浏览器进行下载是最为方便的方法。另外，还有一些资源是以超链接的形式提供在网页上的，下载这些资源也可以直接在浏览器中进行。

### 3.1.1　浏览器下载网页

无论何种浏览器，都有保存文件的功能，下面以IE浏览器为例讲解如何使用浏览器下载网页的方法。

在IE浏览器中打开需要下载的网页，确定网页完全打开后，选择“文件”→“另存为”命令（如图3-1所示），输入合适的文件名称，选择保存文件类型为：“网页，全部（*.htm；*.html）”，单击“保存”按钮，即可保存当前的网页文件。

### 3.1.2　保存网页中的文字

在网页中选择要保存的文字部分，单击右键打开快捷菜单，点选“复制”菜单项，将文本内容复制到剪贴板上，然后再将其粘贴到需要的文档的合适位置处即可。

### 3.1.3　下载网页中的图片

在网页中选择要下载的图片，单击右键打开快捷菜单，选择“图片另存为”命令（如图3-2所示），按照合适路径保存文件即可。

| 文件(F) | 编辑(E) 查看(V) 收藏夹(A) |
| --- | --- |
| 新建选项卡(T) | Ctrl+T |
| 重复打开选项卡(B) | Ctrl+K |
| 新建窗口(N) | Ctrl+N |
| 新建会话(I) | |
| 打开(O)... | Ctrl+O |
| 编辑(D) | |
| 保存(S) | |
| 另存为(A)... | Ctrl+S |
| 关闭选项卡(C) | Ctrl+W |
| 页面设置(U)... | |
| 打印(P)... | Ctrl+P |
| 打印预览(V)... | |
| 发送(E) | |
| 导入和导出(M)... | |
| 属性(R) | |
| 脱机工作(W) | |
| 退出(X) | |

图3-1　选择“文件”→“另存为”命令

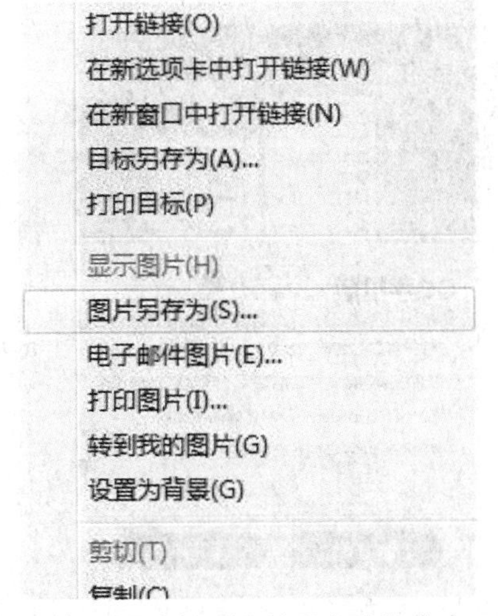


图3-2　选择“图片另存为”命令

### 3.1.4　下载文件资料

我们可以从网页上下载的文件资料往往都是以超链接的形式提供的，下载这些资源也可以直接在浏览器中进行。

首先，在搜索引擎中输入要下载的文件关键词，搜索你需要的文件。比如，如果想下载QQ最新版的安装文件，可以在搜索引擎上搜索“QQ”，在此以百度搜索为例

（如图3-3所示）。

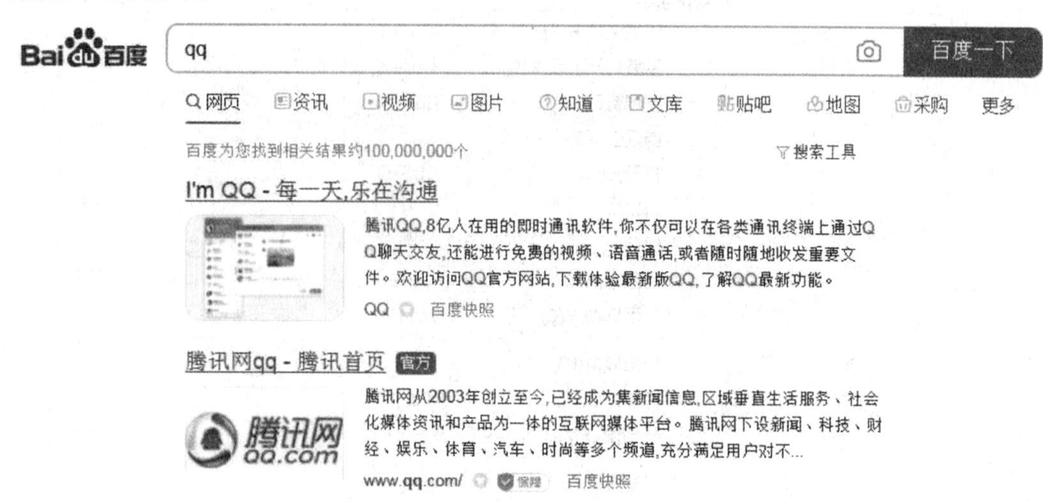


图3-3　用百度搜索

然后，在搜出来的结果中找到可以被信任的链接网页。在此，单击“腾讯qq官网”打开腾讯QQ主页，单击“下载”超级链接，进入腾讯QQ下载页面（如图3-4所示）。

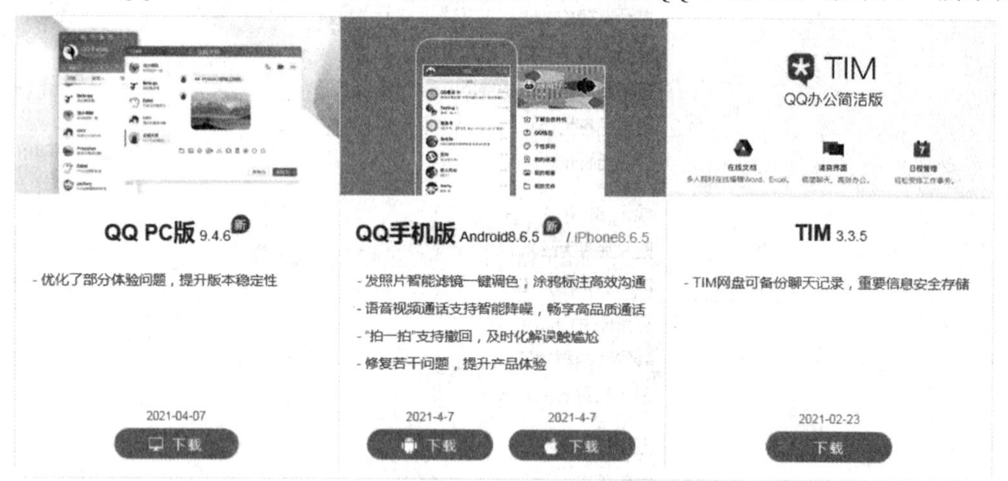


图3-4　腾讯软件中心界面

找到最新版本的QQ安装文件，单击“下载”按钮，弹出浏览器的“文件下载”对话框（如图3-5所示）。单击保存，即可下载你需要的文件。

图3-5　“文件下载”对话框

通过浏览器下载存在的缺点：

（1）当通过浏览器下载资源时，只能直接从服务器上下载资源到本地，尤其当下载该资源的人数较多或者网络的带宽情况较差时，通过浏览器下载资源的速度是相对较慢的。

（2）不支持断点续传。如果一个文件较大，需要下载的时间较长，在下载的过程中很可能会出现网络中断、系统重启等情况而中断了文件的下载，那么需要重新开始下载该文件。

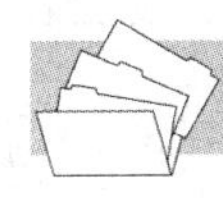

## 3.2　通过迅雷软件下载

目前，专用的下载软件种类很多，功能齐全。其中，迅雷软件是一款用户量非常多的下载软件，下面介绍几种迅雷软件的下载方法。

### 1.通过网页下载按钮下载

（1）在360安全浏览器中，打开腾讯QQ下载界面http：//im.qq.com/download/，可以看到QQ安装软件（如图3-6所示）。

图3-6　QQ软件下载界面

（2）单击QQPC版下方的“下载”链接，弹击“新建下载任务”对话框（如图3-7所示）。

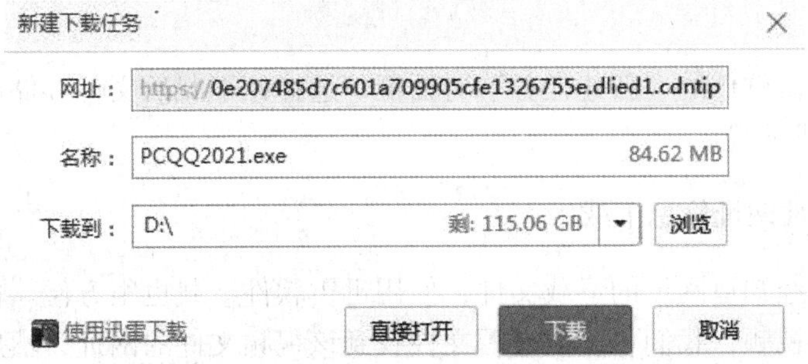

新建下载任务

网址：https://0e207485d7c601a709905cfe1326755e.dlied1.cdntip

名称：PCQQ2021.exe　84.62 MB

下载到：D:\　剩：115.06 GB　浏览

使用迅雷下载　直接打开　下载　取消

图3-7　迅雷软件的“新建任务”对话框

（3）单击左下角的“使用迅雷下载”链接，打开“新建任务”对话框（如图3-8所示）。

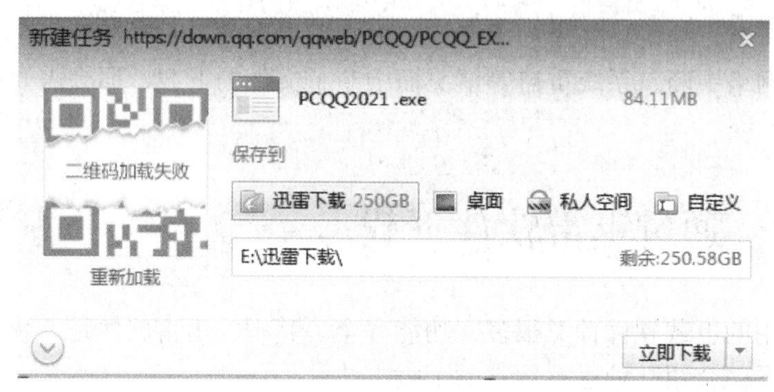


图3-8 “新建任务”对话框

（4）在“新建任务”对话框中选择文件要存储的合适位置后，单击“立即下载”按钮。

（5）打开迅雷软件主界面（如图3-9所示），可以看到QQ安装文件正在下载中。

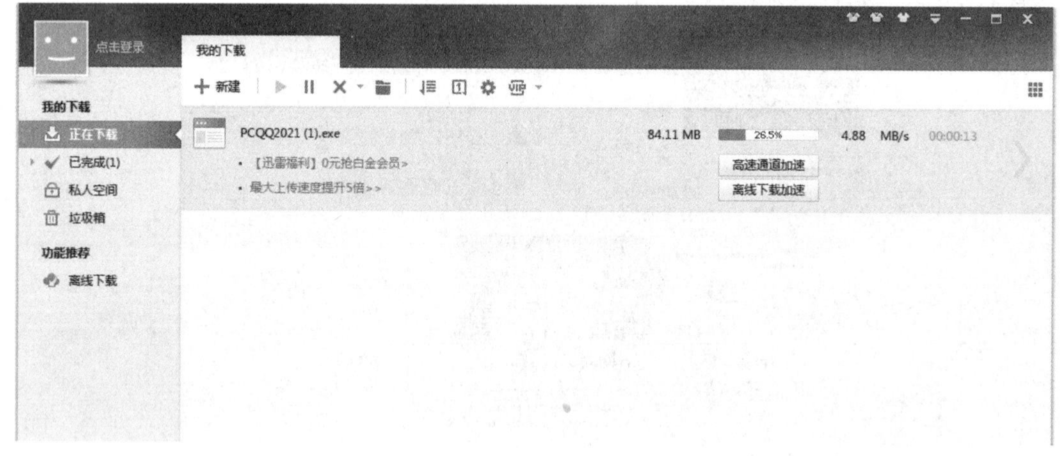


图3-9 迅雷软件下载界面

**2.通过链接地址下载**

针对网页中有链接地址的文件，迅雷软件同样可以使用快捷菜单快速操作下载。

（1）在网页下载链接上单击右键，打开快捷菜单，选择“使用迅雷下载”命令（如图3-10所示）。

（2）打开迅雷软件的“新建任务”对话框。选择好下载后文件存储的位置后，单击“立即下载”完成下载。

**3.通过源文件网址信息下载**

对于我们已经知道网址的下载文件，使用迅雷软件下载也很方便。例如，网页中有我们喜欢的网络视频，我们可以通过源文件找到该视频文件的网址，然后使用迅雷快速下载。

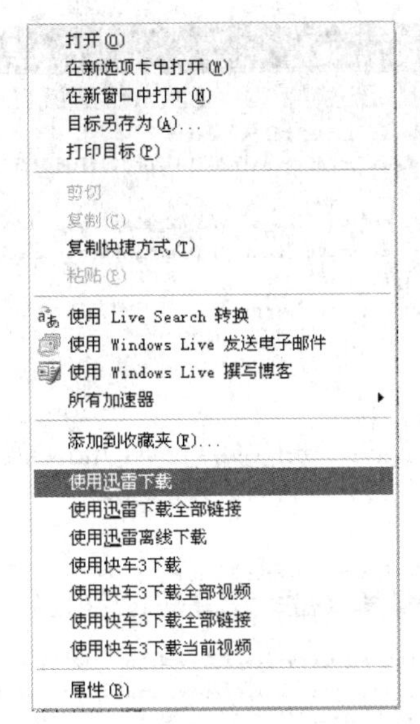


图3-10　选择“使用迅雷下载”命令

（1）在想要下载的含有视频的网页中单击鼠标右键，打开快捷菜单，选择“查看源”命令（如图3-11所示）。

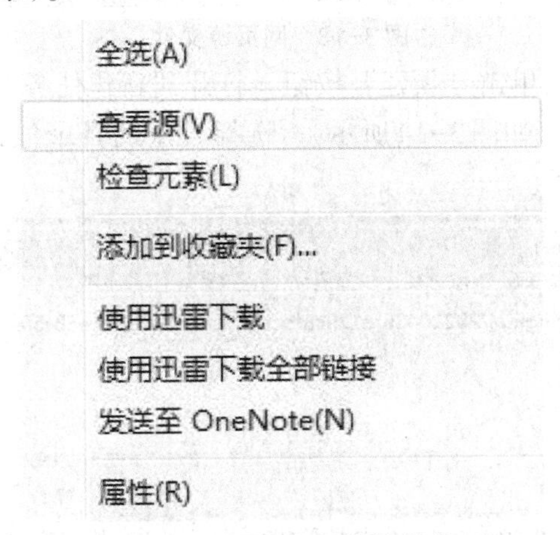


图3-11　网页右键快捷菜单

（2）按下快捷键“Ctrl + F”，在弹出的“查找”对话框中输入“.MP4”（如图3-12所示），即可查找到视频文件，将该视频文件的链接地址复制（如图3-13所示）。

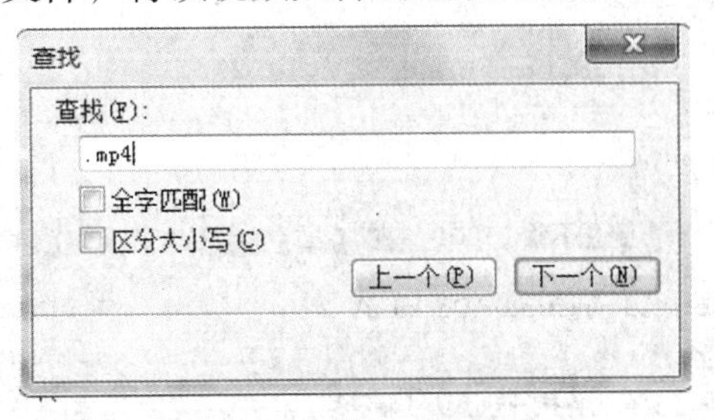


图3-12　输入“.MP4”

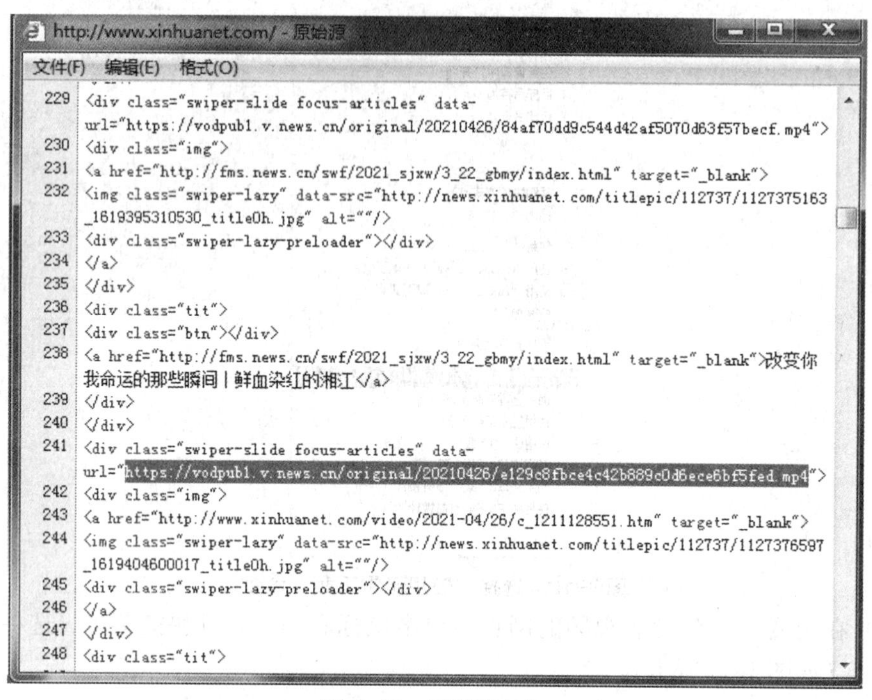


图3-13　网页源文件

（3）打开迅雷软件，单击“新建”按钮，打开“新建任务”对话框。将链接地址粘贴到“下载链接”栏中（如图3-14所示），选择合适的目录位置后，单击“立即下载”按钮即可下载并完成任务。

图3-14　迅雷软件的“新建任务”对话框

### 4.批量下载

我们上网下载文件时，有时会发现需要的文件被分成若干份，超链接写了数十条，或者一个页面中有几百个MP3文件需要下载等。此时，按照上述方法一个一个地下载实在是浪费时间。如果网页中的所有下载文件都设置了超链接，那么迅雷软件提供了一项功能可以解决这个问题。比如，想下载大量“党史”的图片，就可以像下面这样来做：

（1）在百度上搜索“党史”的图片。

（2）在有“党史”图片的网页上单击鼠标右键，打开快捷菜单，选择“使用迅雷下载全部链接”命令（如图3-15所示）。

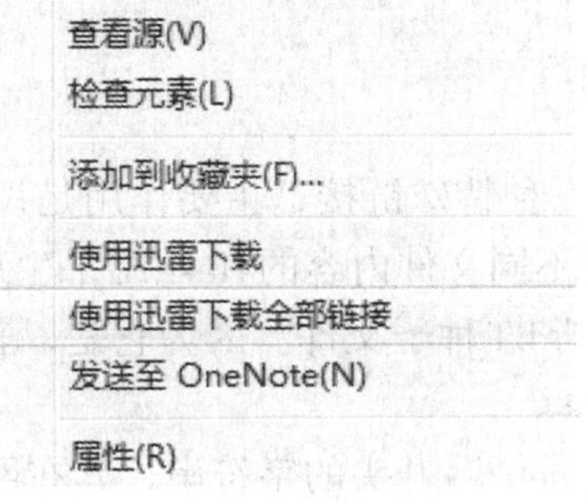


图3-15　网页右键快捷菜单

（3）迅雷软件会显示该网页所有的链接，打开“选择下载地址”对话框（如图3-16所示）。在“文件类型过滤”中选择“自定义”命令，并在下面的“复选框”中勾选需要的文件类型，如“.png”和“.jpg”等格式文件；然后将“选择下载的文件”里面不需要的链接前面的“复选框”的勾去掉，单击“确定”按钮。在弹出的“新建任务”对话框中选择合适的保存位置。最后单击“立即下载”按钮。这样，就可以快速地将你所需要的文件下载完成了。就本例来说，可以选择“图片”命令以及“.jpg”“.gif”等文件格式，来完成下载任务。

图3-16　“选择下载地址”对话框

# 3.3 磁力下载

磁力下载是BT的进化。从2009年开始，BT下载遭遇到了很多的BT服务器被关，很多种子文件无法找到的困境，使得BT下载成为很大的难题。磁力下载的出现，很好地解决了这一问题。

磁力下载主要是指通过磁力链接的方式获取下载资源，并利用磁力下载工具实现下载的过程。

## 3.3.1 磁力链接介绍

简单地说，磁力链接是一种特殊链接，主要作用是识别能够通过P2P下载的文件。与传统BT不同的是，它通过不同文件内容的Hash结果生成一个纯文本的字符串，不再需要tracker服务器储存和解析BT种子文件。因为它是以普通文本存在的，所以只需要简单的复制粘贴即可完成分享。

磁力链接地址是以“magnet:?”开头的字符串，其在网页上的图标通常如图3–17所示，像一块磁铁，很容易辨别。

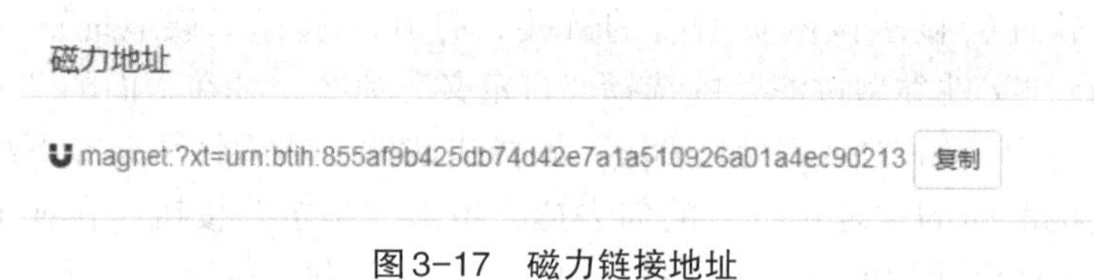


图3–17 磁力链接地址

## 3.3.2 磁力链接获取途径

如今网上有很多的磁力链接资源，只要在百度中输入关键词“磁力搜索”，就可以轻松检索到好多提供磁力资源的搜索引擎。这里介绍几个常见的磁力链接搜索引擎。

**1. BT联盟搜索引擎**

BT联盟（https://cc.btlm.pw/）全球领先的磁力搜索网站（如图3–18所示），用户可以快速搜索到的电影、美剧、动漫、影音、小说、综艺等磁力资源。为用户创造了高效、智能、安全的下载体验。

**2. 磁力天堂搜索引擎**

磁力天堂（https://www.cilitiantang2027.xyz/）是一个高效的磁力搜索引擎（如图3–19所示）。其特点是干净、简约、低调、高速，关键是不仅磁力资源多而且没有广告。

图3-18　BT联盟搜索引擎首页

图3-19　磁力天堂搜索引擎首页

### 3. BT哈哈搜索引擎

BT哈哈（https://wmo.bthaha.cyou/cn/）是一个基于DHT协议的BT磁力搜索引擎（如图3-20所示）。它的所有资源均来自DHT网络，只存储元数据的索引，而不保存种子文件。此外，该网站还同时具有英语、中文、韩语等版本。

图3-20　BT哈哈搜索引擎首页

### 3.3.3 磁力资源下载流程

磁力下载的流程其实非常简单，只需要在互联网中找到所需要的磁力链接，并将链接地址复制到迅雷软件中就可以实现资源的下载，下面以在“BT联盟搜索引擎”中查找关键词为“百家讲坛”的磁力链接为例，介绍具体的下载流程。

**1.在磁力搜索引擎中输入关键词**

打开IE浏览器，在地址栏中输入地址（https://wmo.bthaha.cyou/cn/），打开“BT哈哈搜索引擎”，并在搜索栏中输入关键词“百家讲坛”单击“Search”按钮。

**2.查找合适的资源链接**

在搜索结果页面，会显示与关键词相关的资源信息（如图3-21所示）。找到合适的资源后单击链接，进入到详情页面。

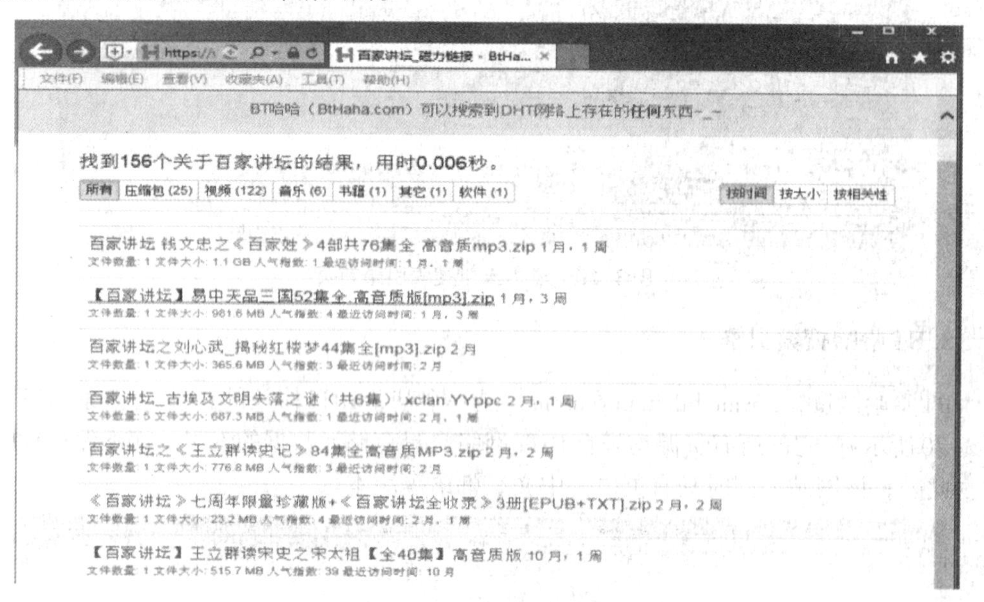


图3-21 搜索结果界面

**3.选中或单击磁力链接**

在资源详情页面，除了显示资源的大小、访问次数、关键词等信息外，还显示以“magent:?”开头的字符串，即磁力链接，如图3-22所示。单击磁力链接或者选中磁力链接后单击右键，在弹出的快捷菜单中选择“使用迅雷下载”命令，即可自动跳转到迅雷新建下载任务界面，如图3-23所示。

**4.使用迅雷下载资源**

在新建下载任务中，选择资源下载保存位置后，单击“立即下载”，即可完成通过磁力链接方式获取百家讲坛资源的操作。

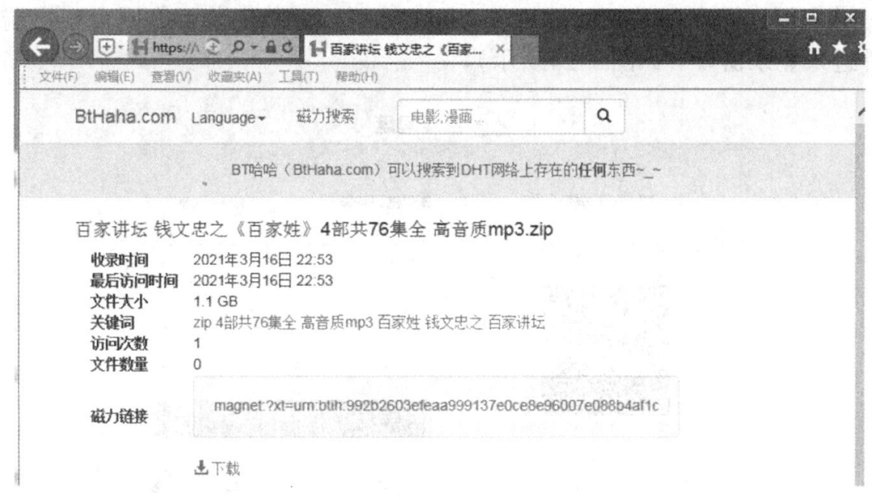


图3-22　磁力链接界面

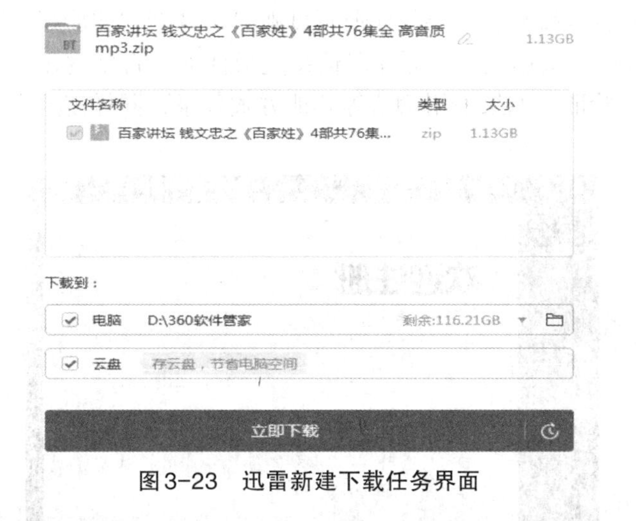


图3-23　迅雷新建下载任务界面

## 3.4　网络存储

网络存储技术相当于给我们提供了一种网络U盘或网络硬盘服务，它是一种在线存储服务。我们可以把一些重要的文件放在网络的存储空间，只要能访问互联网，就可以不受地理位置的限制，管理、编辑网络存储空间里的文件了。

### 3.4.1　注册百度网盘

百度网盘（原百度云）是百度推出的一项云存储服务，它提供文件的网络备份、同步和分享服务，具有空间大、速度快、安全稳固等特点，支持教育网加速，支持手机端，下面介绍一下百度网盘的注册方法。

（1）进入百度网盘网站“https://pan.baidu.com”，下载安装百度网盘客户端，随后打开软件进入登录窗口（如图3-24所示）。

图3-24 “百度网盘”登录窗口

（2）如果没有百度账号，需要先注册百度账号，选择“注册账号”命令打开注册窗口（如图3-25所示），根据提示填写注册信息完成注册。百度网盘需要使用有效手机号码进行注册和身份验证，如果采用微信等其他方式登录，同样需要进行一次手机号码身份验证。

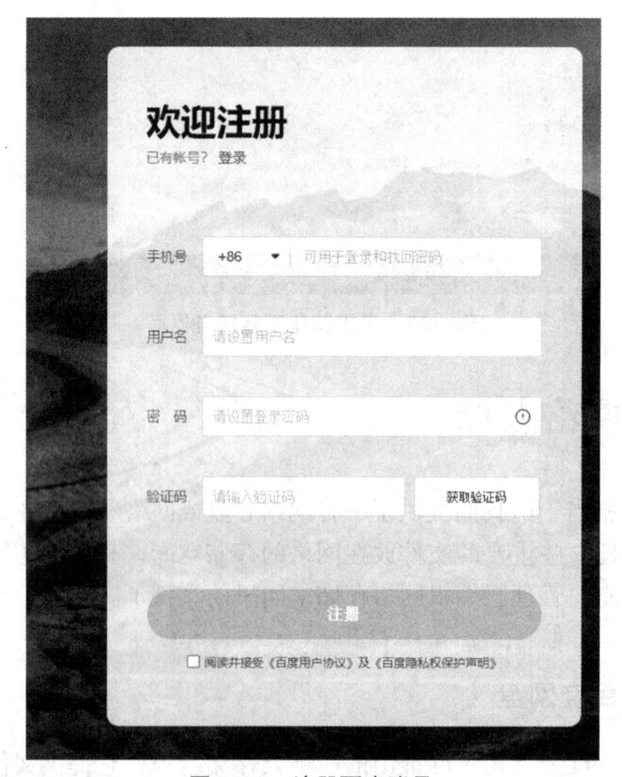


图3-25 注册百度账号

## 3.4.2　百度网盘的数据上传

百度网盘采用云存储技术，普通用户默认状态下有1TB的网络存储空间用来储存资料，方法如下：

（1）登录百度网盘后（如图3-26所示），选择“我的网盘”命令。

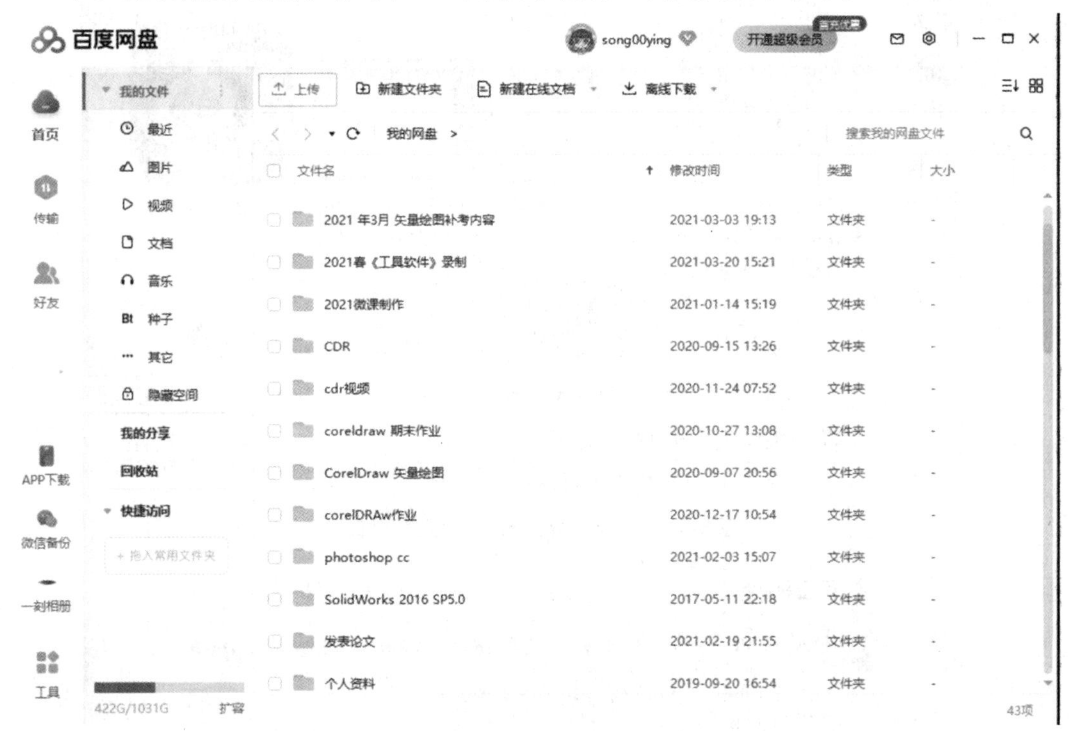


图3-26　我的网盘

（2）单击窗口上方的“上传”按钮，打开“请选择文件/文件夹”窗口，并选择要上传的文件（如图3-27所示），单击“存入百度网盘”按钮，完成上传。

（3）上传后，可以对文件进行移动、复制、删除、剪切等操作（如图3-28所示），就像在本地磁盘上一样整理已上传的文件。

## 3.4.3　百度网盘的数据下载

对已经上传成功的文件，可以在有网络环境的客户端上，通过登录百度网盘进行下载，方法如下：

图3-27 “请选择文件/文件夹”窗口

图3-28 整理已上传的文件

（1）选择要下载的文件，单击“下载”按钮（如图3-29所示）。

图3-29　文件下载

（2）在弹出的“设置下载路径”窗口确定下载存储路径（如图3-30所示），然后单击“下载”按钮，完成下载。

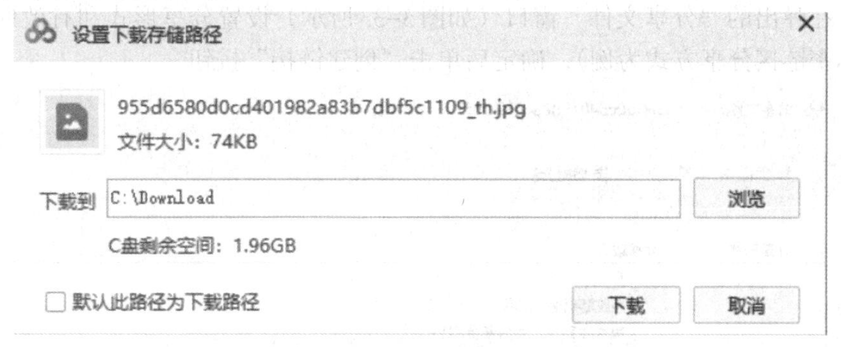


图3-30　“设置下载路径”窗口

（3）选择“传输”命令，查看下载状态（如图3-31所示）。

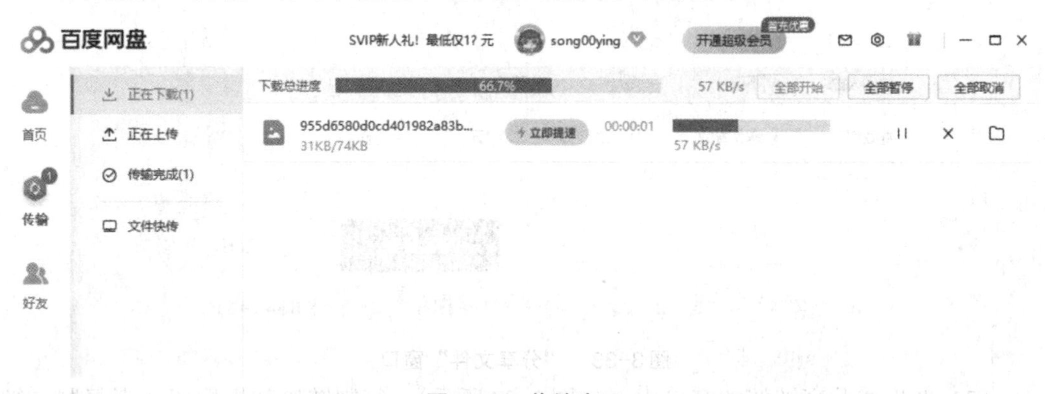


图3-31　传输窗口

### 3.4.4 百度网盘的资源分享

在百度网盘存储的数据可以通过资源分享的方式发送给好友使用，方法如下：

（1）选择要共享的文件，单击“共享”按钮（如图3–32所示）。

图3–32 选择共享文件

（2）在弹出的“分享文件”窗口（如图3–33所示）设置分享形式和有效期等，（在这里以私密链接分享方式为例），确定后单击“创建链接”按钮。

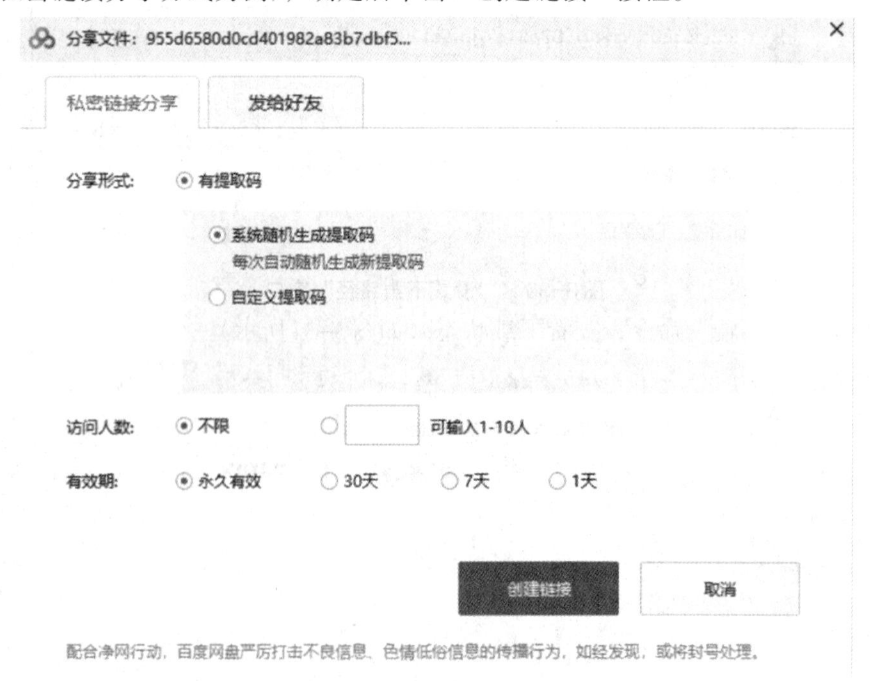


图3–33 “分享文件”窗口

（3）在生成共享链接的窗口中（如图3–34所示），复制链接和提取码或者复制二维码分享给好友。

图3-34　复制链接和提取码或复制二维码分享给好友

## 本章课后习题

一、单项选择题

1.磁力链接开头格式（　　）。

A.thunder://　　B.magnet:?

C.http：//　　D.https：//

2.目前百度网盘应用越来越广泛，通过网盘我们可以把自己的文件存储在云端服务器，我们在使用网盘时应该提倡的是（　　）。

A.网盘空间很大，我们不用建立文件夹来管理文件

B.利用网盘来共享盗版软件

C.盗用别人账号密码获得他们的网盘文件

D.注意保护自己账号和密码，确保网盘文件安全

3.小明参加了一个网络安全培训班，老师需要将大小为20GB的课件视频资料分发给每个同学，比较快捷的方式是（　　）。

A.新建QQ群，把文件放到群共享

B.给每个学员发邮件

C.上传到百度网盘，让学员自己下载

D.用U盘一个一个地拷贝

4.下面百度网盘资源分享方式不正确的是（　　）。

A.生成二维码分享

B.生成链接和提取码分享

C.直接转发百度网盘好友

D.直接转发邮箱分享

5.要从网上下载容量很大的文件，一般情况下使用（　　）进行下载效率更高。

A.Winzip软件

B.浏览器自身的“另存为”菜单选项

C.快车软件

D.单击鼠标右键，选择“目标另存为”选项

6.迅雷软件是一款（　　）软件。

A.音乐播放软件　　B.视频播放软件

C.浏览器　　D.下载软件

二、操作题

1.选择合适的下载方式下载阿里旺旺买家版。

2.通过百度云管家存储集体活动的照片，并分享给好朋友。

# 第4章　收发电子邮件

电子邮件是一种利用电子手段提供文字、图像、声音等多种信息交换的通信方式。电子邮件在Internet上发送和接收的原理可以很形象地用日常生活中邮寄信件来形容。当发送电子邮件时，这封邮件是由邮件发送服务器发出，并根据收信人的地址判断对方的邮件接收服务器而将这封信发送到该服务器上，收信人要收取邮件也只能访问这个服务器才能完成。电子邮件的存在极大地方便了人与人之间的沟通与交流，促进了社会的发展。

## 4.1　电子邮件系统介绍

电子邮件系统（Electronic mail system，E-mail）由用户代理MUA（Mail User Agent）、邮件传输代理MTA（Mail Transfer Agent）、MDA（Mail Delivery Agent）邮件投递代理组成，MUA是指用于收发Mail的程序，MTA是指将来自MUA的信件转发给指定用户的程序，MDA就是将MTA接收的信件依照信件的流向（送到哪里）把该信件放置到本机账户下的邮件文件中（收件箱），当用户从MUA中发送一份邮件时，该邮件会被发送到MTA，而后在一系列MTA中转发，直到它到达最终发送目标为止（如图4-1所示）。

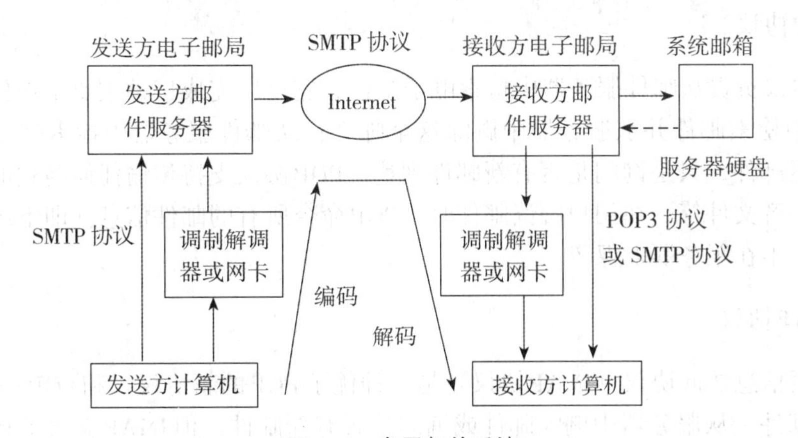


图4-1　电子邮件系统

电子邮件系统的运作方式与其他的网络应用有着根本上的不同，发送方将要发送的内容通过自己的电子邮局将信件发给接收方的电子邮局。如果接收方的电子邮局暂时繁忙，那么发送方的电子邮局就会暂存信件，直到可以发送。而当接收方未上网时，接收方的电子邮局就暂存信件，直到接收方去取。可以这么说，电子邮件系统就像是在

Internet上实现了传统邮局的功能，而且是更加快捷方便地实现。

### 4.1.1 邮件服务器

电子邮件服务器是处理邮件交换的软硬件设施的总称，包括电子邮件程序、电子邮件信箱等，它是为用户提供全部E-mail服务的电子邮件系统，人们通过访问服务器实现邮件的交换。服务器程序通常不能由用户启动，而是一直在系统中运行，它一方面负责把本机器上发出的E-mail发送出去，另一方面负责接收其他主机发过来的E-mail，并把各种电子邮件分发给每个用户。

### 4.1.2 邮件协议

邮件协议是发送电子邮件时所要遵循的协议规范，常用的电子邮件协议有SMTP协议、POP协议、IMAP协议，它们都隶属于TCP/IP协议簇。

**1.SMTP协议**

SMTP的全称是“Simple Mail Transfer Protocol”，即简单邮件传输协议。它是一组用于从源地址到目的地址传输邮件的规范，通过它来控制邮件的中转方式。SMTP协议属于TCP/IP协议簇，它帮助每台计算机在发送或中转信件时找到下一个目的地。SMTP服务器就是遵循SMTP协议的发送邮件服务器，简单地说就是要求必须在提供了账户名和密码之后才可以登录SMTP服务器，增加SMTP认证的目的是使用户避免受到垃圾邮件的侵扰。

**2.POP协议**

POP协议负责从邮件服务器中检索电子邮件，它可以完成三种主要工作任务：从邮件服务器中检索邮件并从服务器中删除这个邮件；从邮件服务器中检索邮件但不删除它；不检索邮件，只是询问是否有新邮件到达。POP协议支持传输任何格式的文件，包括图片和声音文件等。在用户阅读邮件时，POP命令所有的邮件信息立即下载到用户的计算机上，不在服务器上保留。

**3.IMAP协议**

互联网信息访问协议（IMAP协议）是一种优于POP的新协议。和POP一样，IMAP也能下载邮件、从服务器中删除邮件或询问是否有新邮件，但IMAP克服了POP的一些缺点。例如，它可以决定客户机请求邮件服务器提交所收到邮件的方式，请求邮件服务器只下载所选中的邮件而不是全部邮件。客户机可先阅读邮件信息的标题和发送者的名字再决定是否下载这个邮件。通过用户的客户机电子邮件程序，IMAP可让用户在服务器上创建并管理邮件文件夹或邮箱、删除邮件、查询某封信的一部分或全部内容，完成所有这些工作时都不需要把邮件从服务器下载到用户的个人计算机上。

# 4.2　电子邮箱与电子邮箱地址

## 4.2.1　电子邮箱

电子邮箱是通过网络电子邮局为网络客户提供的网络交流电子信息空间。电子邮箱具有存储和收发电子信息的功能，是互联网中最重要的信息交流工具。在网络中，电子邮箱可以自动接收网络中任何电子邮箱所发的电子邮件，并能存储规定大小的多种格式的电子文件。

## 4.2.2　电子邮箱地址

电子邮箱地址的格式是由三部分组成，如USER_01@zd.com。第一部分“USER_01”代表用户邮箱的账号，支持字母、数字和下划线的组合，对于同一个邮件接收服务器来说，这个账号必须是唯一的；第二部分“@”是分隔符；第三部分“zd.com”是用户信箱的邮件接收服务器域名，用以标志其所在的位置。电子邮件地址，是个人在互联网上冲浪的通行证，网络上流行的博客、论坛、小组、小站、微博、图册等，无不是以电子邮箱为注册依据的。

## 4.2.3　常用邮件术语

### 1.抄送

抄送，Carbon Copy，又简称为CC。在网络术语中，抄送就是将邮件同时发送给收信人以外的人，用户所写的邮件抄送一份给别人，对方可以看见该用户的E-mail。同收件人地址栏一样，不可以超过1 024个字符。一般来说，使用“抄送”服务时，多人抄送的电子邮件地址使用“;”分隔。

### 2.密件抄送

密件抄送，Blind Carbon Copy，又简称为BCC，它和抄送的唯一区别就是它能够让各个收件人无法查看到这封邮件同时还发送给了哪些人。密件抄送是个很实用的功能，假如你一次向成百上千位收件人发送邮件，最好采用密件抄送方式，这样一来可以保护各个收件人的地址不被其他人轻易获得，二来可以使收件人节省下收取大量抄送的E-mail地址的时间。

### 3.主题

电子邮件主题的作用主要表现在五个方面：让收件人快速了解邮件的大概内容或者

最重要的信息；在邮件主题中表达基本的营销信息；区别于其他类似的邮件；为了方便用户日后查询邮件；尽可能引起收件人的兴趣。如果一个邮件主题可以全部或者基本达到了这样的目的，邮件主题的设计才算是成功的。

**4.附件**

邮件附加的文件，是指可以在传送文字内容的同时附带多媒体文件一并传送给收件人。

## 4.3 申请电子邮箱

电子邮箱平台很多，这里以“163网易免费邮箱”为例，介绍申请邮箱的一般方法。

（1）打开“百度”，在对话框中输入“163”，然后按回车键搜索（如图4-2所示）。

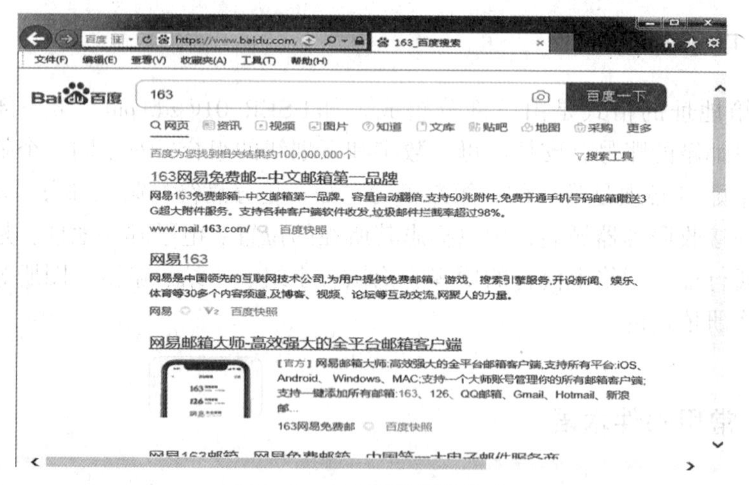


图4-2 163网易邮箱搜索

（2）在打开的网页中，单击第一个超链接网址，找到“注册网易邮箱”链接并单击，即可进入网易邮箱注册页面（如图4-3所示）。

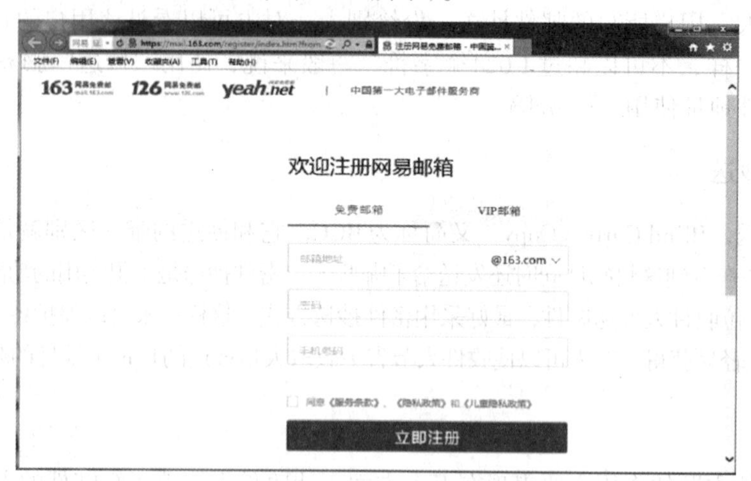


图4-3 注册网易邮箱

（3）选择“免费邮箱”选项卡，填写账号、密码和手机号（如图4-4所示）。如果遇到提示“该邮箱地址不可注册”，则需重新填写账号。

图4-4　填写注册信息

（4）内容填写无误，身份验证成功，即可单击“立即注册”按钮，完成邮箱注册。记住注册时的账号与密码，以备登录时使用。

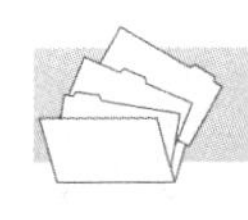

## 4.4　收发电子邮件

### 4.4.1　浏览器发送邮件

通过浏览器页面发送电子邮件是一种常用的方法，它不需要有第三方软件的支持，只需要能够登录网页即可。

（1）登录邮箱界面（如图4-5所示）。

图4-5　登录邮箱

（2）单击“写信”按钮（如图4-6所示）。

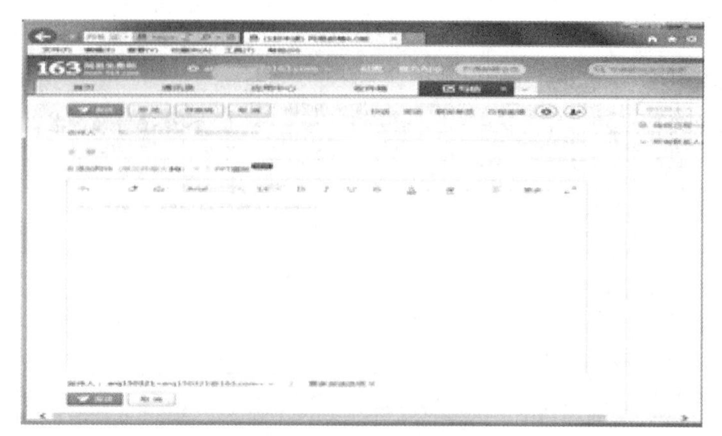

图4-6 单击“写信”按钮

（3）填写“收件人”“主题”“正文”。邮件主题表明邮件的主旨，简明扼要。正文可以设置字体、字号、对齐方式等。选择添加附件，可以添加图片、文档、音频等（如图4-7所示）。

图4-7 填写邮件内容

（4）单击“发送”按钮，显示发送成功（如图4-8所示）。

图4-8 发送成功

### 4.4.2 浏览器接收邮件

通过浏览器接收并查看电子邮件，也是比较常见的电子邮件使用方法。

（1）打开邮箱（如图4-9所示）。

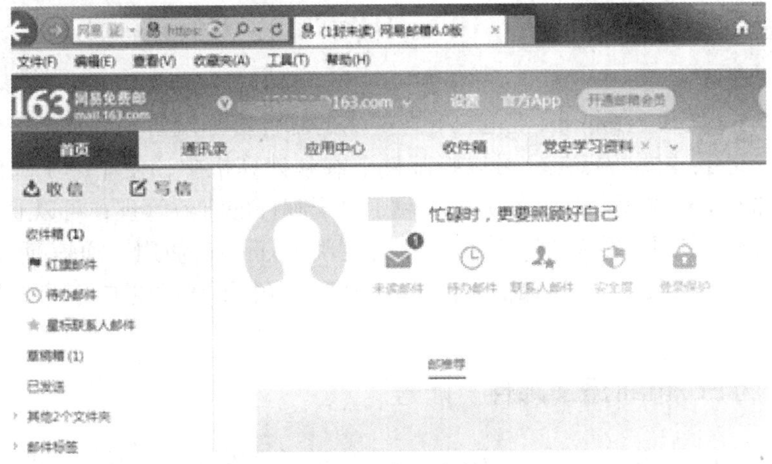


图4-9　打开邮箱

（2）选择左侧“收件箱”命令，显示收到的邮件（如图4-10所示）。

图4-10　打开“收件箱”

（3）打开“邮件”查看内容（如图4-11所示）。

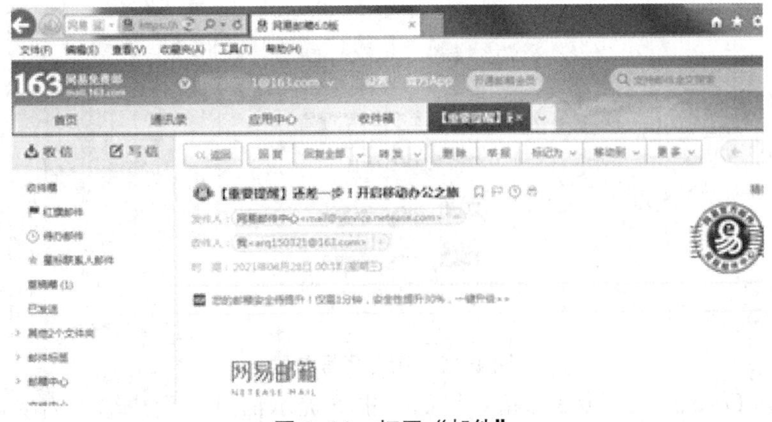


图4-11　打开“邮件”

# 4.5 使用Foxmail专用软件收发电子邮件

Foxmail是一款基于Internet规范，专业好用的邮件客户端管理软件，是中国著名的软件产品之一。其主要特点是：可以将邮件下载到计算机中，便于电子邮件的脱机浏览；可以将邮件下载到不同的文件夹中，便于电子邮件的有效管理；可以通过设置不同的“标识”，便于多用户在一台计算机中共同使用Foxmail；使用“通信簿”，便于查找和管理多个“联系人”；可以添加信纸模板，使发出的电子邮件更加美观和具有特色。

## 4.5.1 为Foxmail添加邮件“账号”

（1）安装好Foxmail后，第一次运行时，软件会自动启动向导程序，弹出Foxmail对话框，如图4-12所示，引导用户添加第一个邮件“账号”。

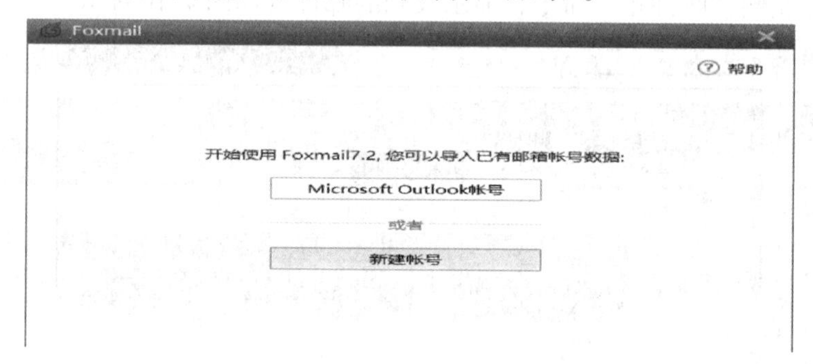


图4-12 Foxmail对话框

（2）单击“新建账号”，会打开“新建账号”向导，如图4-13所示，选择准备新建的账号邮箱，如“163邮箱”。

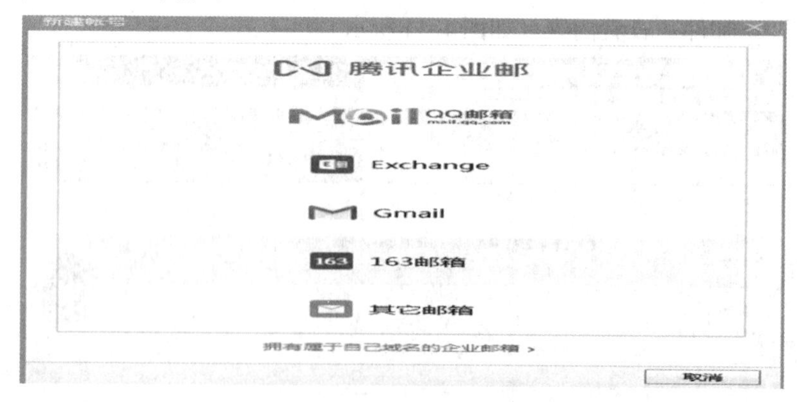


图4-13 新建账号向导

（3）进入Foxmail的“163邮箱”界面，根据提示信息，用户输入需要创建账号的邮箱地址和密码进行账号的设置（如图4-14所示）注意：这里的密码不是用户邮箱登录密码而是邮箱开启“POP3/SMTP/ IMAP服务”时所生成的授权码。该码可以在163邮箱的“设置”功能中申请获得（如图4-15所示）。

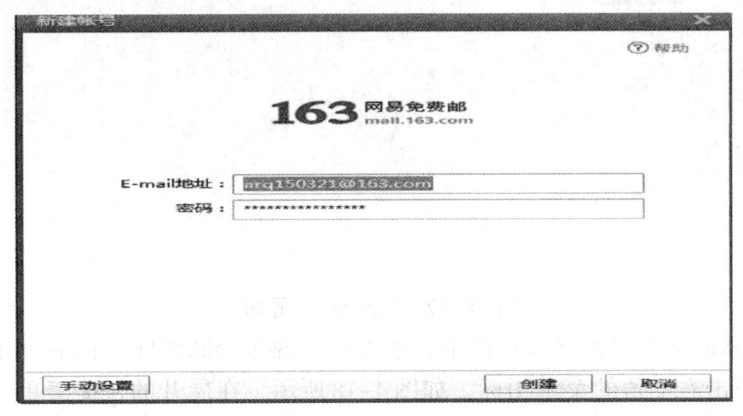


图4-14　Foxmail的163邮箱界面

图4-15　获取授权码界面

（4）单击“创建”按钮，等待配置成功后，即可进入“设置成功”界面（如图4-16所示）。

图4-16　设置成功界面

（5）在“设置成功”界面，单击“完成”，系统会自动登录并弹出Foxmail程序主界面，如图4-17所示，可以看到刚刚创建的账号，这样即可完成为Foxmail添加邮件账号的操作。

图4-17　Foxmail主界面

（6）在Foxmail邮件客户端软件中，还可以实现多个邮件账户同时登录。在foxmail主界面中，单击右上角的菜单图标，如图4-18所示。在展开的快捷菜单中单击“账号管理”命令，弹出的系统配置对话框，如图4-19所示，在该对话框中单击左下角的“新建”按钮，弹出新建账号向导，根据提示内容即可实现账户的创建。

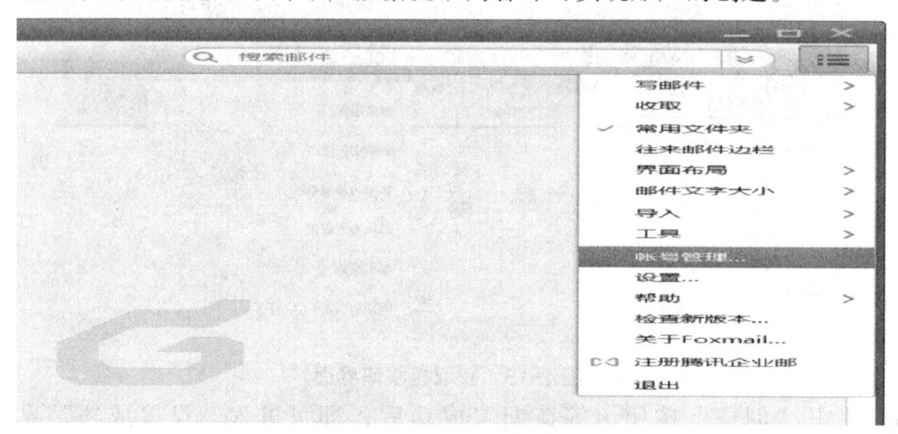


图4-18　菜单图标界面

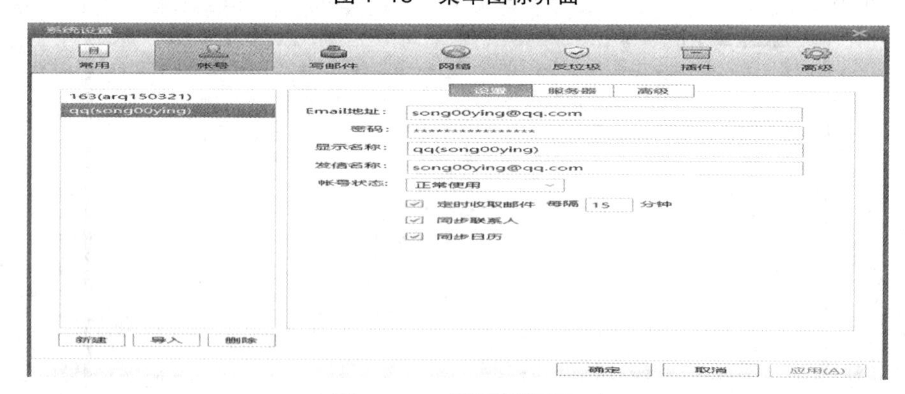


图4-19　系统配置界面

### 4.5.2　用Foxmail撰写电子邮件

启动Foxmail，选择准备发送电子邮件的邮箱，单击“工具栏”中的“写邮件”按钮，弹出“写邮件”窗口。在“收件人”文本框内填入接收电子邮件方的邮箱地址，在“抄送”文本框内填入抄送电子邮件方的邮箱地址，当有多个抄送人时，用英文逗号（“,”）分隔开，在“主题”文本框内填入发送邮件的主题，在下面的窗口内写入发送电子邮件的内容。

当收件人和抄送方在Foxmail中已建立了通信簿时，可以直接单击“收件人”和“抄送”选择联系人；可以在“写邮件”窗口右上角的快捷菜单中设置分别发送或定时发送邮件；单击“显示边框”命令还可以设计信纸。

当不希望立即发送电子邮件的时候，可以选择工具栏中的“保存”按钮，将撰写的新邮件保存在“草稿箱”中，以后发送。

### 4.5.3　用Foxmail发送电子邮件

在Foxmail的“写邮件”窗口中撰写完邮件后，可以直接单击“发送”按钮发送刚刚撰写的新邮件，当新邮件保存在“草稿箱”中时，可以单击主窗口左侧列表中“草稿箱”选项，在详细列表中打开保存的邮件，单击“发送”即可发送“草稿箱”中撰写好的邮件。

### 4.5.4　用Foxmail接收电子邮件

在Foxmail中接收电子邮件非常简单，启动并登录Foxmail邮件客户端后，单击工具栏收取按钮旁边的小三角形，在展开的下拉菜单中选择收取邮件的帐号，新邮件将自动下载到“收件箱”中,但这时必须保证Foxmail已经启动并且计算机连接到Internet上（如图4-20所示）。

图4-20　Foxmail接收邮件界面

## 本章课后习题

一、单项选择题

1. 如果E-mail地址是wang@mail.edu.cn，那么用该邮箱地址发送邮件（　　）。

A. 只能是云南　　B. 只能是中国

C. 只能是教育部门　　D. 可以是全世界

2. 某同学以myname为用户名在新浪网（http://www.sina.com.cn）注册的电子邮箱地

址应该是（　　）。

A.myname@sina.com　　B.myname.sina.com

C.myname.sina@com　　D.sina.com@myname

3.要将一封电子邮件同时发送给几个人，可以在收件人栏中输入他们的地址，并用（　　）分隔。

A.”　　B.。　　C.，　　D./

4.要给某人发电子邮件，必须知道他（她）的（　　）。

A.电话号码　　B.家庭地址　　C.姓名　　D.E-mail地址

5.下列主要用于电子邮件收发和管理的软件是（　　）。

A.FrontPage　　B.Foxmail　　C.ACDSee　　D.WinRAR

6.（　　）不是E-mail系统的组成部分。

A.E-mail客户软件　　B.通信协议

C.防火墙　　D.E-mail服务器

二、操作题

1.使用浏览器申请邮箱，并向指定邮箱发送一封带有附件的邮件。

2.使用Foxmail接收好友的邮件，并截图向指定的邮箱发送图片附件。

# 第5章　体验网上生活

互联网的应用数不胜数，它可以帮助人们解决很多生活中的难题，例如求职、旅游外出、预约订票、查询导航等，极大地提高了人们的生活质量和办事效率。同时，互联网也带给人们一种新的生活方式，使大家足不出户就可以办理上述相关的事项。

## 5.1　网上求职

随着网络技术的发展，求职者已经不局限于参加集市形态的招聘会了，借助网络技术的网上求职也迅速地发展起来。目前，有许多专门的求职网站平台可以供求职者选择，例如智联招聘、中华英才网、前程无忧、赶集网等。网上求职的优点是方便快捷、便于筛选、针对性强、覆盖范围广、没有地域限制等。下面以智联招聘网站平台为例，对网上求职进行介绍。

### 5.1.1　在求职网站上注册新用户

为了得到求职网站全面而专业的服务，最好先注册成为该网站的会员。在智联招聘网站注册新用户的具体操作步骤如下：

（1）在浏览器地址栏中输入智联招聘的网址“http：//www.zhaopin.com/”，登录智联招聘网站首页（如图5-1所示）。

图5-1　登录智联招聘网站首页

（2）在首页右侧输入手机号和验证码，勾选“我接受用户协议和隐私政策”。单击“求职者注册/登录”按钮，即可快速完成注册，首次注册还会弹出新建简历的个人信息页面（如图5-2所示）。

图5-2　个人信息界面

（3）进入个人信息页面，填写相关信息。单击“下一步”按钮，进入“教育经历”页面（如图5-3所示）。

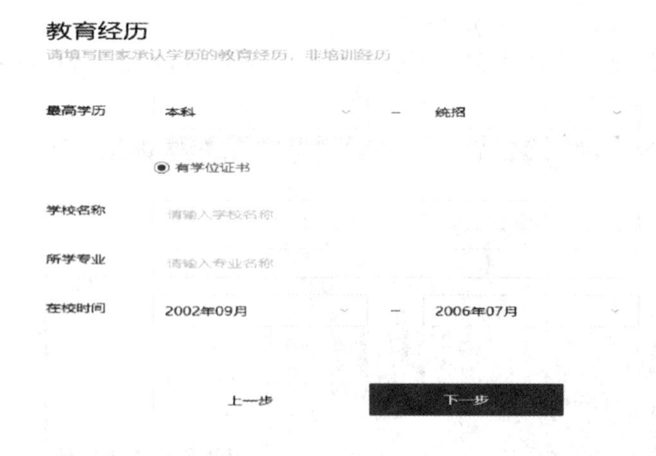


图5-3　教育经历界面

（4）在教育经历页面，根据个人情况，填写相关教育经历后，单击“下一步”按钮，进入“工作经历”页面（如图5-4所示）。

智联招聘

120秒极速创建简历，平均每天2,111,323个人收到了面试邀请

工作经历　　还剩一步就完成啦～

请填写最近一份工作信息

公司名称　请输入公司名称

职位名称　请输入职位名称

在职时间　入职时间　-　离职时间

当时月薪　请输入税前薪资　元

工作描述　请输入工作内容：
如：
1.主要负责绩效考评相关工作
2.完成招聘绩效考核获得优秀评级
0/3000

上一步　下一步

图5-4　工作经历界面

（5）在工作经历页面，新增职业关键词选项，可以选择跟自己职业有关的关键词，以此展示技能亮点，提高竞争力。还要注意：所填写的的信息是有关最近一份工作的信息。单击“下一步”按钮，进入“求职意向”页面（如图5-5所示）。

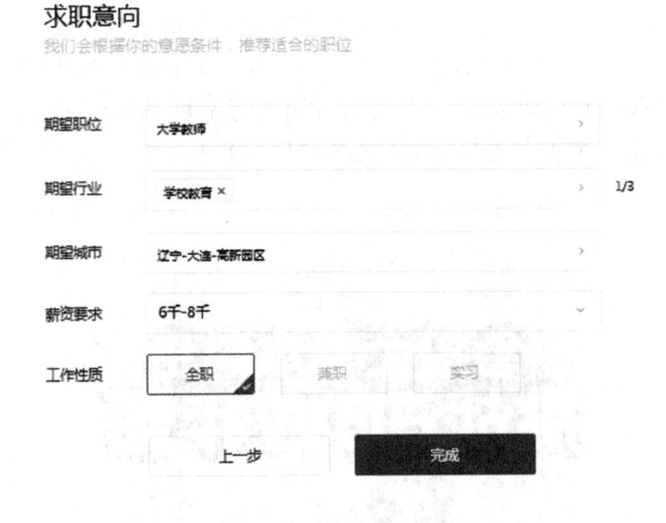


图5-5　求职意向

（6）在“求职意向”页面，用户根据个人情况填写好所有信息后，单击“完成”按钮，网站会弹出“简历隐私设置”对话框，确认好信息后，单击“确定”按钮，会弹出简历创建成功页面，系统会根据填写的个人信息给出初步的工作岗位推荐（如图5-6所示）。

图5-6 简历创建成功及岗位推荐

## 5.1.2 网上简历的制作

与参加招聘会一样，网上求职也需要准备个人简历。个人简历关系到招聘者对求职者的第一印象，是求职者求职成功与否的关键环节，所以制作一份精致的简历是很重要的。

为了简化求职者的操作，招聘网站大都会给求职者准备简历模板，当然，求职者也可以自己设计简历。在智联招聘网站上制作个人简历的具体操作步骤如下：

（1）登录智联招聘网站首页，在页面右侧填写手机号和验证码，单击“求职请注册/登录”按钮，进入个人登录界面（如图5-7所示）。

图5-7 个人登录界面

（2）登录成功后，在页面右侧会显示个人投递、面试邀请和简历等信息，此时单击“我的简历”链接，弹出标准简历页面（如图5-8所示），简历的内容和前面注册时填写的信息是一致的。

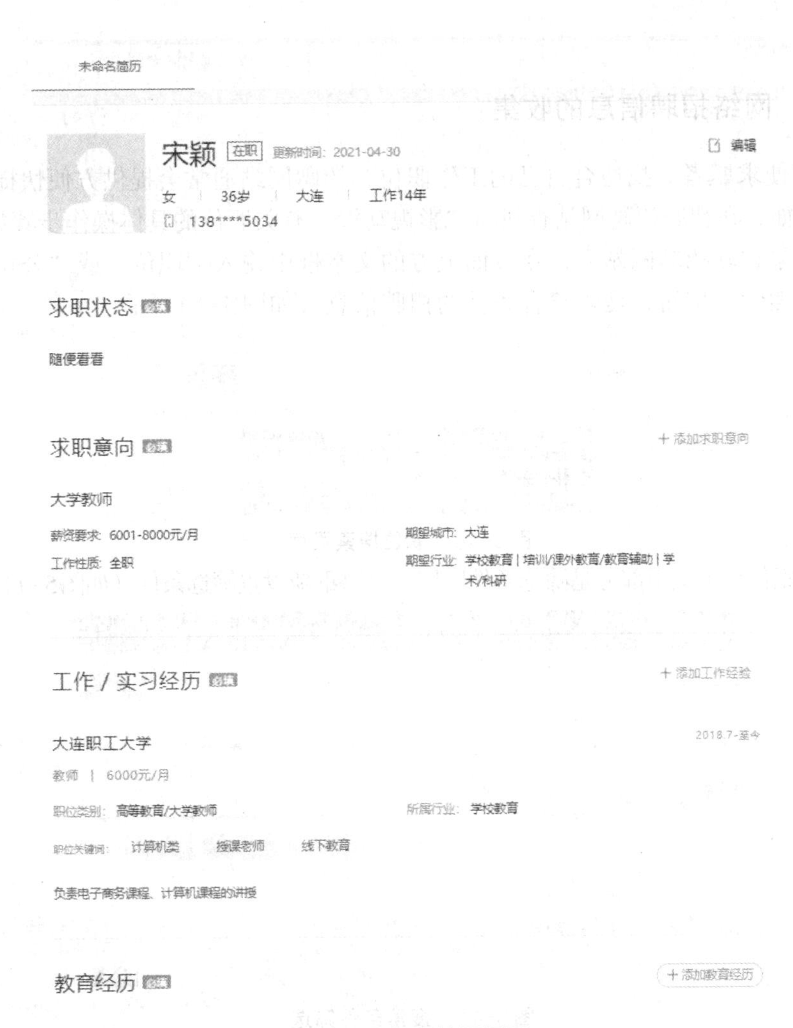


图5-8 标准简历界面

（3）在标准简历界面，用户不仅可以对简历进行修改和补充等编辑操作，还可以下载、优化简历（如图5-9所示）。

图5-9 编辑简历

### 5.1.3 网络招聘信息的收集

为了方便求职者寻找适合自己的工作职位，招聘网站通常会提供方便快捷的职位筛选工具。例如，在智联招聘网站查找与“影视动漫”有关职位的具体操作步骤如下：

（1）登录智联招聘网站后，在页面上方的文本框中输入“职位”或“公司名”等内容，单击“搜索”按纽，搜索符合条件的招聘信息（如图5-10所示）。

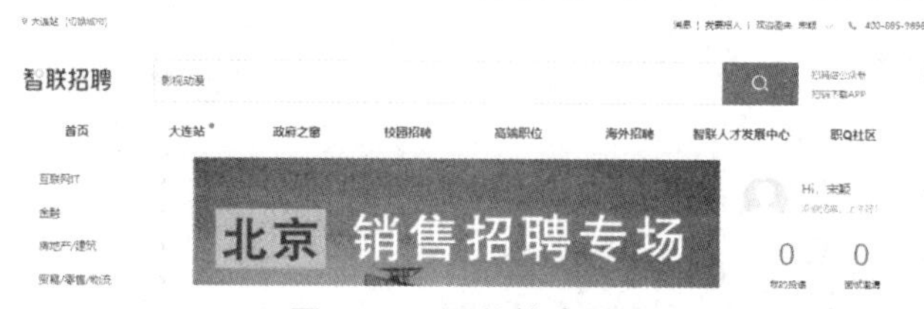


图5-10 职位搜索页面

（2）搜索信息页上半部分是筛选条件区域，可以重新设置筛选条件（如图5-11所示）。

图5-11 搜索条件筛选

（3）搜索信息页下半部分是搜索结果区域（如图5-12所示）。主要显示职位的需求描述概要和招聘企业信息概况，可以利用“智能匹配”“薪酬最高”“最新公布”三个选项卡对搜索结果进行排序，对有意向的企业可以将鼠标放在右侧区域，在展开的菜单中选择“收藏”或“申请职位”。

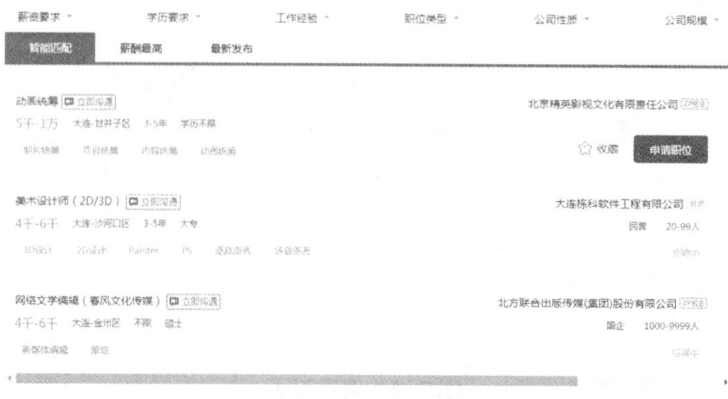


图5-12 工作信息

（4）单击职位标题，可以查看招聘职位的详细介绍。

### 5.1.4　网上申请职位

确定了职位信息之后，就可以提出申请。

（1）阅读了职位的详细信息并确定要申请该职位后，可以单击该页面右方的“申请职位”按纽（如图5-13所示），进入职位申请界面。

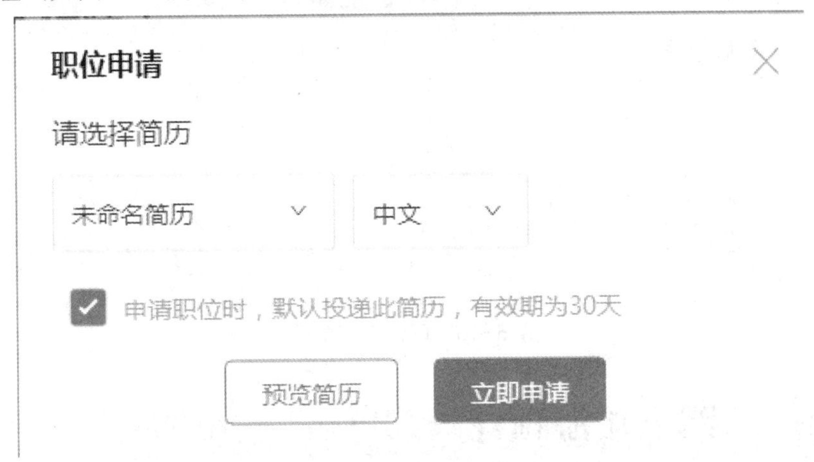


图5-13　职位申请

（2）填好相关求职材料后，单击下方的“立即申请”按钮，系统会弹出“申请成功”提示对话框（如图5-14所示），接下来就需要等待该公司的面试通知了。

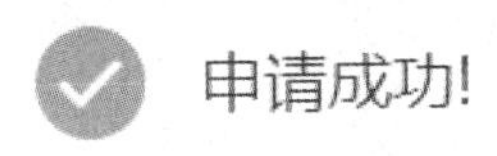

图5-14　职位申请成功

（3）可以单击页面右上方个人姓名旁边的三角形，在展开的下拉菜单中选择“求职反馈”查看职位申请情况（如图5-15所示）。

图5-15 职位申请情况

## 5.2 网上旅游预订

随着社会的进步和生活水平的提高，人们开始热衷于旅游出行。现在有很多旅游网站可以为用户提供相关的旅游信息服务（包括景点、宾馆等多种信息的查询）和预订服务（包括预订酒店和订票等），我们在旅游前足不出户就可以安排好旅游的所有行程。

### 5.2.1 注册新用户

了解旅游目的地的相关信息可选择正规的旅游网站，当需要预订或者订票时，一般网站就要求用户注册成为其会员，来保证双方的合法权益。不同的网站，其注册程序可能有所不同，但基本步骤大致是一样的，在这里不再赘述。

### 5.2.2 查询旅游线路

在旅游出行之前，人们都希望能够对目的地有一定的了解，例如，哪里好玩儿、哪里景色好、有什么土特产等，这些信息在旅游网站上都可以查询到。另外，如果用户还不能确定具体的旅游目的地，旅游网站也可以为用户在指定的区域内推荐比较理想的旅游目的地。下面以携程网为例进行介绍。

登录携程网（https：//www.ctrip.com/），在搜索栏中输入要查询的目的地名称，如“大连海昌发现王国主题公园”（如图5-16所示），单击搜索按钮，在弹出的页面中便可以查看到与之相关的旅游信息（如图5-17所示），用户也可以单击首页上方“旅游”

“跟团游”选项卡，选择更多的旅游线路。

图5-16　旅游目的地搜索

图5-17　旅游目的地搜索结果

## 5.2.3　预订机票

通过旅游网站或者各大航空公司的官方网站都可以查询和预订机票，这为人们的出行带来了很大的方便。具体操作步骤如下：

（1）登录携程网首页，单击“国内/国际·中国港澳台机票”选项卡（如图5-18所示）。

图5-18　“国内/国际·中国港澳台机票”选项卡

（2）登录“国内/国际·中国港澳台机票”查询页面，选择“航程类型”“出发地”“目的地”“出发日期”等（如图5-19所示）。

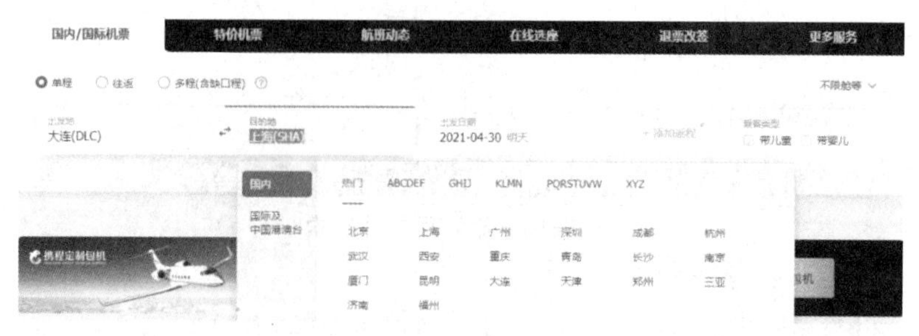


图5-19　机票查询

在选择出发日期时，系统会根据行程给出参考票价（如图5-20所示）。

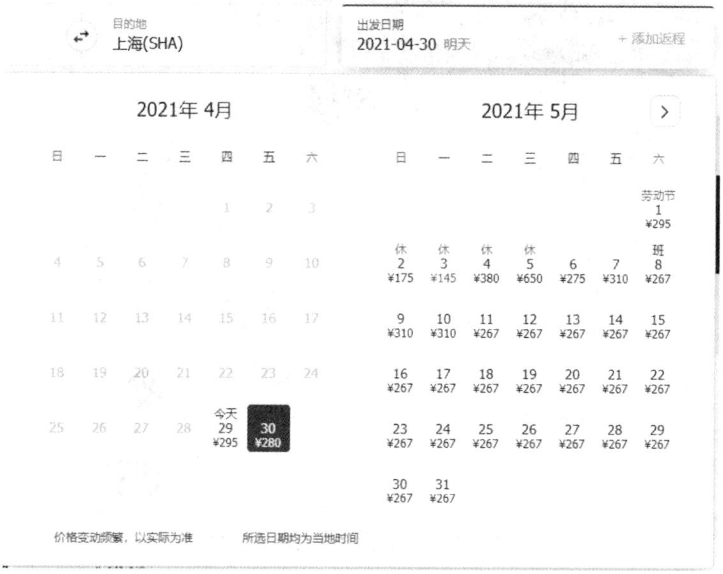

图5-20　机票日期

（3）设置好信息后，单击“搜索”即可在搜索结果页面中查看符合条件的各航班的相关信息（如图5-21所示）。

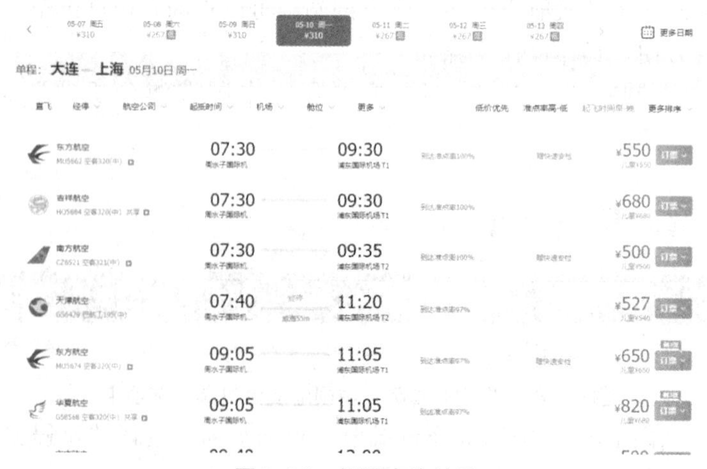


图5-21　机票查询结果

在搜索结果页面，还可以通过“筛选和排序”功能（如图5-22所示），对搜索结果进行细化，使搜索结果更加符合用户需求。

图5-22　筛选和排序

单击“订票”按钮，将显示该航班的具体信息（如图5-23所示）。

图5-23　航班具体信息

（4）预订机票前，一定要查看机票退改签的说明（如图5-24所示），确认后单击“预订”按钮，填写登机人信息并再次确认后，便可以提交订单。

图5-24　国内机票退改签的说明

## 5.2.4　预订酒店

在旅行过程中，住宿是非常重要的，应该尽可能提前安排好，从而节省时间和开支。网上预订酒店，能使旅行者提前了解目的地酒店的状况，完成住宿的安排。具体操作步骤如下：

（1）登录携程网首页，便可以看到酒店查询页面，选择国内酒店（如图5-25所示）。

图5-25　登录酒店查询页面

（2）填写“目的地”“入住日期”“酒店级别”等相关筛选条件，也可以直接输入与入住目的地有关的关键词（如图5-26所示），单击“搜索”按钮，弹出查询结果。

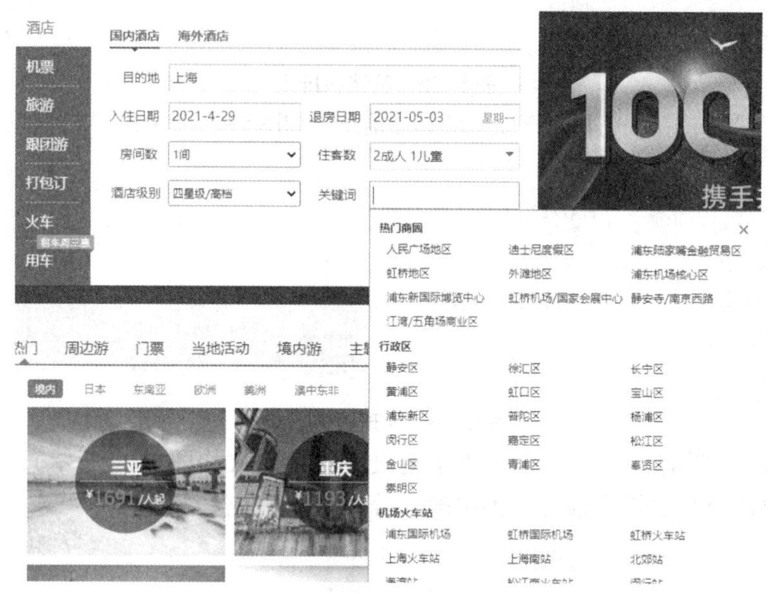


图5-26　酒店查询关键词输入

（3）在弹出的页面中，可以看到符合条件的酒店信息，用户可以在位置区域、星级价格、高级筛选几个选项中进一步细化筛选结果，也可以直接改变页面上半部分的筛选条件重新筛选（如图5-27所示）。

图5-27　酒店查询结果

（4）单击酒店名称后的“查看详情”按钮，可以打开酒店的详细信息（如图5-28所示），在这里还能看到酒店的地理位置示意图。

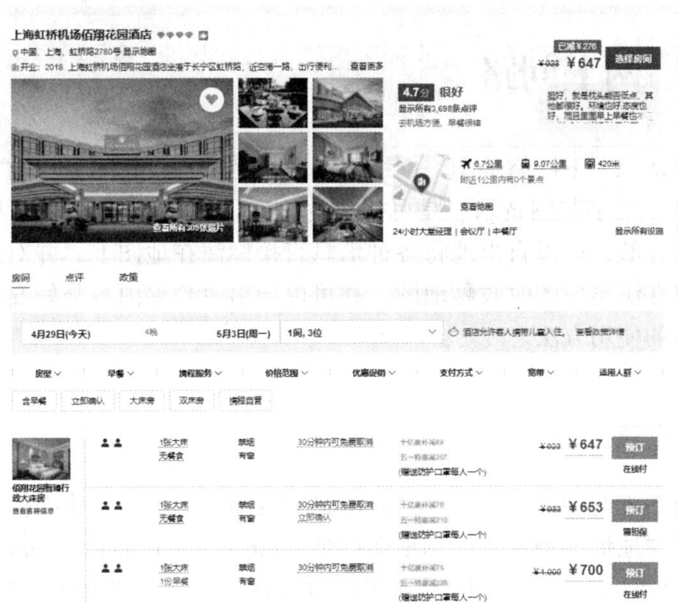


图5-28　查看酒店详情

（5）确定了酒店信息后，可以单击房价后面的“预订”按钮，在弹出的“预订信息”页面上填写并核对预订信息，确认无误后，单击“去支付”按钮，完成预订（如图5-29所示）。

上海虹桥机场佰翔花园酒店

中国，上海，长宁区，虹桥路2780号

订房必读

预订成功后房间将为您整晚保留

入住日期 2021年4月29日(星期四)　4晚　退房日期 2021年5月3日(星期一)　房间数 1

住客资料

住客

添加住客

电子邮件（选填）

电话号码 (+86)

到达时间

18:00

特别要求

发票信息

在线付 ¥2,584.00　去支付

1间 × 4晚 ¥3,892.00

应付总额 ¥2,584.00

30分钟内可免费取消

说明

图5-29　预订酒店

## 5.3 网上问路

我们首先来认识一下网络地图。网络地图是利用计算机技术，以数字方式存储和查阅的地图，它基于数字制图技术，是可视化的地图。通过网络地图可以进行地图搜索、公交查询、驾驶导航；可以自由地将各种信息直接标注在地图上，并对这些标注进行管理和编辑；可以在浏览地图时收藏地图，并可以导出收藏夹内容与好友共享等。下面介绍几种网络地图的使用方法。

### 5.3.1 地点查询

通过搜狗地图查询功能，查询“大连市国际机场”地址的具体操作步骤如下：

（1）在浏览器地址栏中输入搜狗地图网址（http：//map.sogou.com/），进入搜狗地图首页（如图5-30所示）。用户可以看到在页面的右上方，有“地图”“卫星”二种地图显示模式供自己选择。

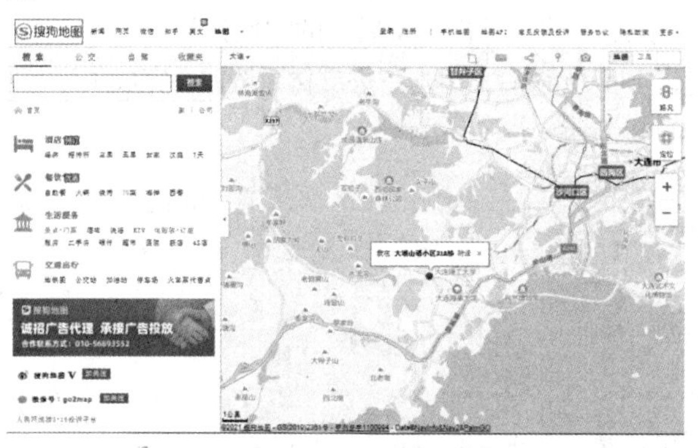


图5-30 搜狗地图首页

（2）单击左上方的“搜索”选项卡，输入“大连市国际机场”，单击“搜索”按钮。可以看到，在页面左侧显示了与地址有关的文字信息，右侧显示了该地址的电子地图信息（如图5-31所示）。

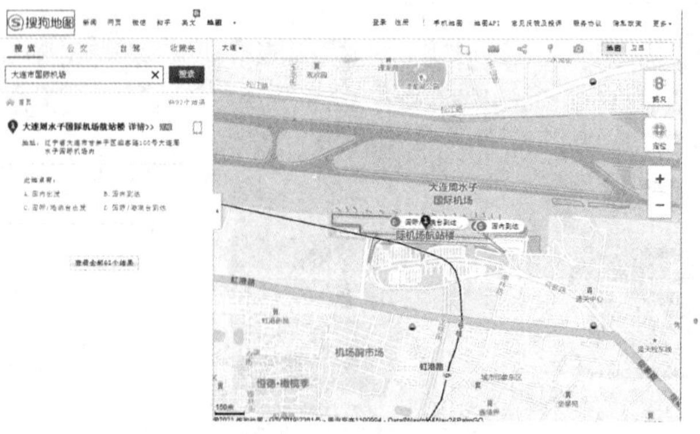


图5-31 搜狗地图地址搜索结果

（3）拖动鼠标滚轮放大地图，按下鼠标左键拖动地图进行移动，选择需要的地址标签，查看详细信息（如图5-32所示）。

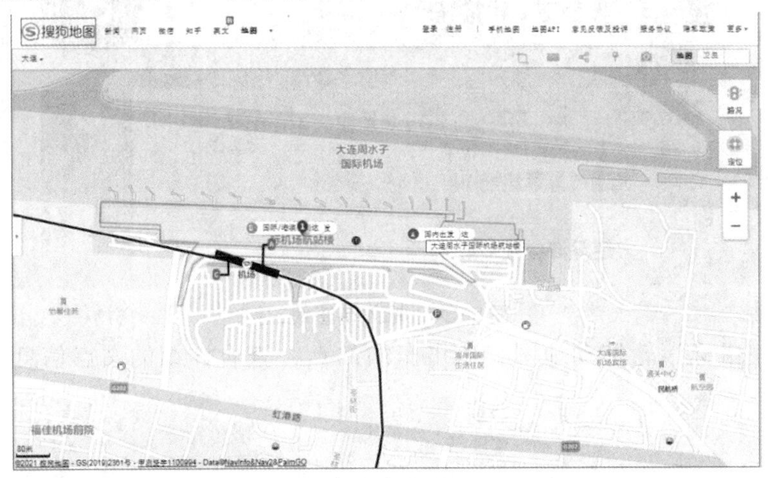


图5-32　搜狗地图选择需要的地址标签

## 5.3.2　线路查询

通过百度地图，查询“大连市国际机场”至“大连星海会展中心”的公交线路，具体操作步骤如下：

（1）在浏览器地址栏中输入百度网址（http：//www.baidu.com/）进入首页，单击右上方的地图标签进入电子地图首页。用户可以看到在右下角有地图模式、卫星模式和全景模式的切换（如图5-33所示）。

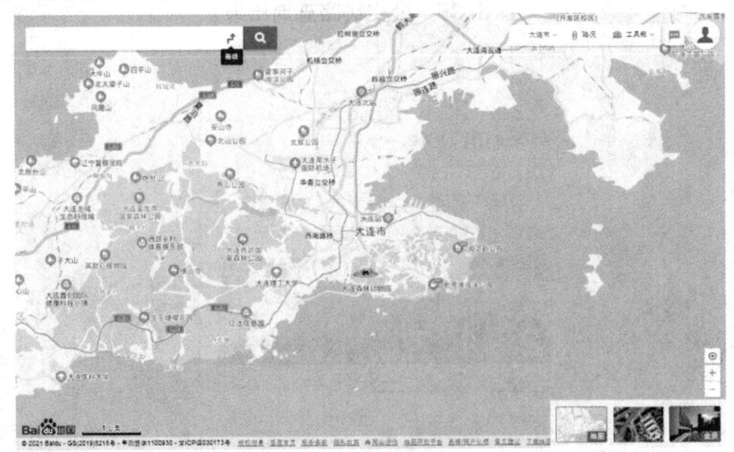


图5-33　百度地图首页

（2）在左侧文本框中单击“线路”按钮，在展开的菜单中选择“公交”选项，并在下方输入起点位置“大连市国际机场”和终点位置“大连星海会展中心”（如图5-34所示），确定好线路，在单击右侧“搜索”按钮。

（3）在左侧区域显示为公交换乘的结果和可选择的换乘方案，在右侧地图区域显示了线路的平面地图（如图5-35所示）。

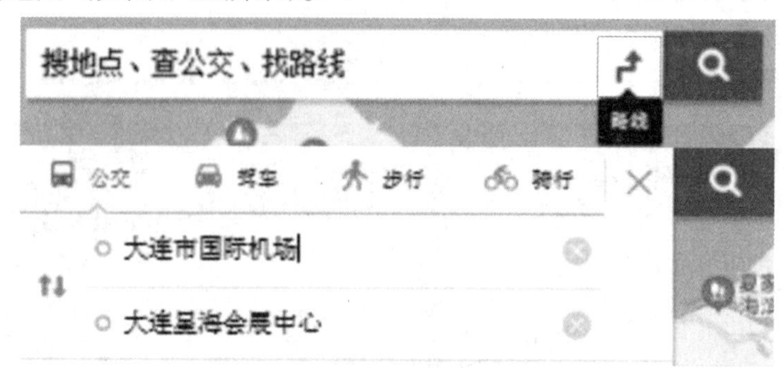


图5-34 输入待查线路

（4）按住鼠标滚轮拖动地图，单击车站站点，查看详细的站点信息（如图5-36所示）。

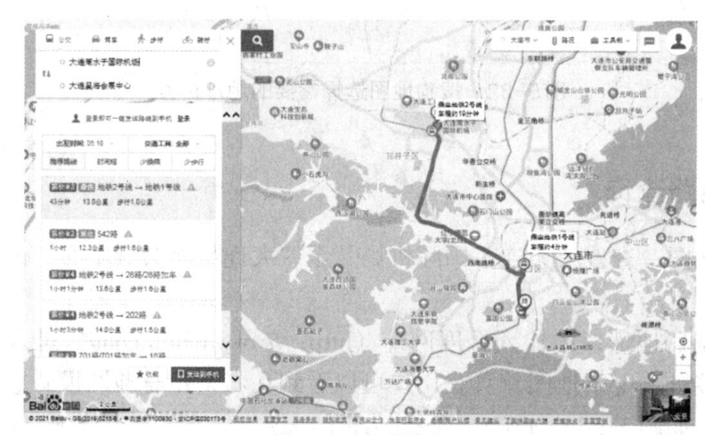

图5-35 公交线路查询结果

图5-36 公交站点详细信息

## 5.4　网上学习

随着互联网的不断普及和教育方式的不断优化，越来越多的人开始尝试通过网上学习来拓展和提升知识技能，以达到提升自己能力的目的。现在专门的网上学习网站很多，如网易公开课、网易云课堂、中国大学MOOC网、学堂在线、学习强国等。

网上学习主要指利用PC和智能手机App软件，通过网络进行的一种学习活动。主要形式有浏览网络资源，在线交流，在线讲堂、直播课堂等，相对传统学习活动而言，网上学习打破了传统教育模式的时间和空间条件的限制，是传统学校教育功能的延伸。网上学习有利有弊，学习的时候应该根据自己的方向学习追求网络有利的一面。下面以学习“中国共产党党史”为例分别介绍PC端和手机端网上学习的操作方法。

### 5.4.1　PC端网上学习

（1）注册登录

在IE浏览器中打开学堂在线官网（https://www.xuetangx.com/），单击右上角的“注册”按钮（如图5-37所示），可在弹出的对话框中根据提示信息快速完成网站用户注册。

图5-37　学堂在线首页

（2）搜索内容

在网站首页搜索框中输入 “中国共产党党史” 可快速查询与关键字有关的课程。在搜索结果页面可以显示课程名称、课程概要、课程主讲人、在线学习人数等信息（如图5-38所示）

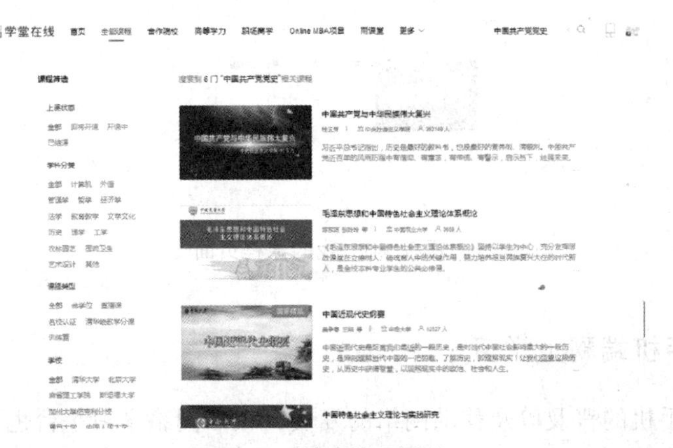


图5-38　搜索结果界面

（3）课程申请

学堂在线是国家精品在线课程学习平台，与国内外多所知名大学合作，课程资源丰富，分为免费学习和认证学习两种形式。在搜索结果页面找到合适的课程后，单击课程名称链接即可进入课程详情页（如图5-39所示），用户可以具体了解开课时间、课程章节等内容，单击课程服务下的“去学习”或“升级服务”，即可完成课程申请，开始课程的内容学习。

图5-39 课程详情界面

（4）课程学习记录

PC端大部分网络学习课程是以短视频录播为主， 将一门课程分解为多个短视频形式。用户可以多次登录网站完成课程的学习。鼠标放在页面个人头像，在展开的快捷菜单中单击“我的课程”链接可以在个人课程记录中查看学习情况。

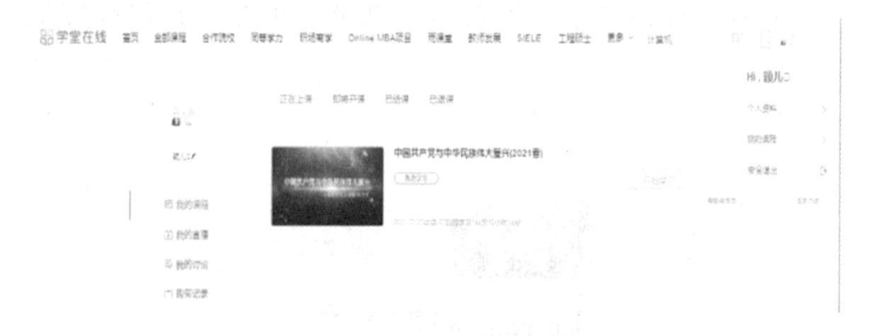


图5-40 我的课程页面

## 5.4.2 手机端网上学习

随着智能手机的普及以及移动网络的发展，很多网络学习平台也开发了手机端App

软件。手机端网上学习充分利用了手机便携的优势和用户的碎片时间，使用户能更好的体验网上学习的乐趣。

（1）安装学习强国App软件

在手机应用商店搜索“学习强国”，根据提示内容安装该软件，安装成功后在手机端会显示学习强国App图标（如图5-41所示）。

图5-41　学习强国App图标

（2）注册会员

第一次打开“学习强国”App软件，在首页单击“新用户注册”按钮（如图5-42所示），输入手机号码并根据提示信息操作即可快速完成会员注册。

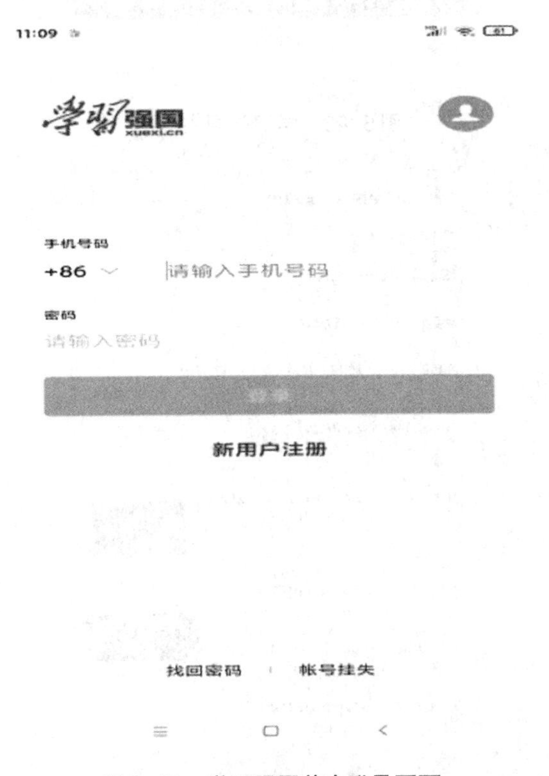


图5-42　学习强国首次登录页面

（3）搜索内容

会员信息注册成功后，用户即可进入学习强国App软件主界面（如图5-43所示）。用户既可以根据主页中栏目分类查找与“中国共产党党史”相关知识也可以通过在搜索框中输入关键词“中国共产党党史”来搜寻所需内容（如图5-44所示）。

图5-43 学习强国主界面

图5-44 搜索内容

（4）学习并分享内容

学习强国App聚合了大量可免费阅读的期刊、公开课、歌曲、戏曲、电影、图书等资料。用户可以像浏览网页新闻一样，只要单击标题链接或视频即可进入到详情页面学习具体内容。学习结束后用户不仅可以获得一定的积分还可以发表观点、收藏内容、分享内容（如图5-45、5-46所示）。

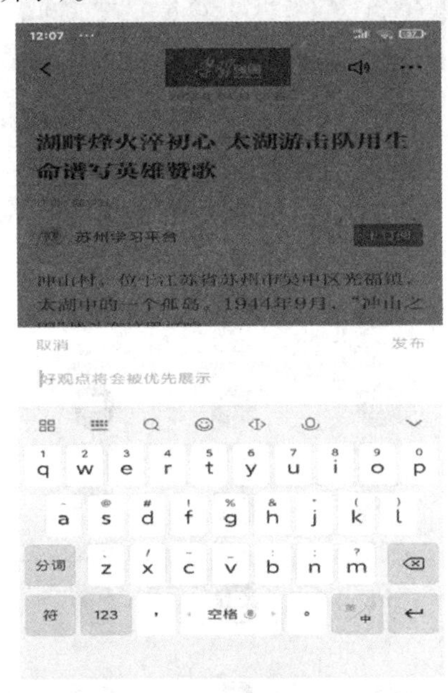


图5-45　发表观点

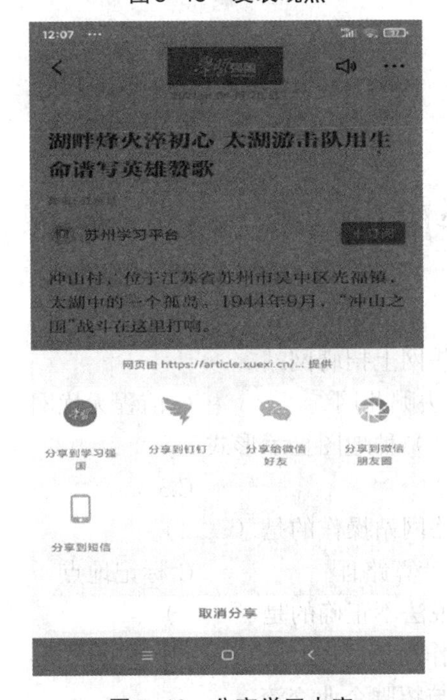


图5-46　分享学习内容

（5）记录学习情况

在学习强国主界面，用户单击右上角“我的”链接，即可进入个人中心界面（如图5-47所示）。在该界面用户可以查看学习情况。

图5-47　个人中心界面

## 本章课后习题

一、单项选择题

1.下面（　　）网站是网上招聘网站。

A.携程网　　B.去哪儿网　　C.前程无忧网　　D.淘宝网

2.手搜狗地图有（　　）种地图显示形式。

A.1　　B.2　　C.3　　D.4

3.以下不属于网上问路网站操作的是（　　）。

A.线路查询　　B.计算路程　　C.标记地点　　D.语音提示

4.下列对于网上求职说法不正确的是（　　）。

A.网上求职不需要制作简历

B.网上求职可以在线与招聘企业交流

C. 网上求职需要填写个人资料

D. 不是会员就不能进行网上求职

5. 下列有关网上学习说法正确的是（　　）。

A. 网上学习都需要支付费用

B. 网上学习内容目前只有办公软件学习

C. 网上学习只能在PC端学习

D. 网上学习可以全民参与

二、操作题

1. 登录前程无忧网站（www.51job.com），搜索本地在一个星期内发布的电子商务相关岗位的招聘消息。

2. 使用任何一种电子地图工具，查询上海市“外滩—世博园”的公共交通换乘路线和方案。

3. 安装学习强国App软件，分享学习内容。

4. 通过对旅游网站的查询，设计一个从当地到北京旅游的方案，包括机票、食宿预订，名胜景点旅游信息等内容。

# 第6章　网络金融

21世纪是一个电子信息化的发展时代，从电子商务的兴起到数字化经营理念的深入，社会的变革总是以科技为先导。互联网的出现引发了一场空前意义上的产业革命——网络经济革命。网上货币、网络银行、网络证券、网络保险和网上清算等新的金融形式正冲击着传统的金融形式和金融理念，一个全新的金融时代——网络金融时代已经开始展现在我们的面前。

当前，第三方支付、无抵押贷款、众筹融资、网络化金融机构、互联网金融门户网站等多元化模式，像雨后春笋般地蓬勃生长，让人们真切地感受到互联网金融时代已经到来。

## 6.1　网络金融的相关概念

所谓网络金融，又称电子金融（e-finance），从狭义上讲是指在国际互联网（Internet）上开展的金融业务，包括网络银行、网络证券、网络保险等金融服务及相关内容；从广义上讲，网络金融就是以网络技术为支撑，在全球范围内的所有金融活动的总称，它不仅包括狭义的内容，还包括网络金融安全、网络金融监管等诸多方面。它不同于传统的以物理形态存在的金融活动，是存在于电子空间中的金融活动，其存在形态是虚拟化的、运行方式是网络化的。它是信息技术，特别是互联网技术飞速发展的产物，是适应电子商务（e-commerce）发展需要而产生的、网络时代的金融运行模式。

### 6.1.1　电子银行

电子银行是指在银行与客户之间，通过网络连线或Internet传输金融资讯与交易，主要包括网上银行、电话银行等，借助个人电脑、自动提款机等器具提供服务，缩短银行与客户间的距离，并同时达到提高效率的目的。

### 6.1.2　电子支付

电子支付系统是指电子信用卡支付系统、电子支票支付系统、网上电子现金产品（如数码现金、电子货币）等，主要有电子现金和电子支票两种形式。

**1.电子现金**

电子现金是一种电子交易所需的线上给付系统，电子付款的模式改变了消费者在购买过程中对现金的依赖，但电子现金仍保有现金应有的货币性质。

**2.电子支票**

电子支票是指购买者可持有一定金额的支票形式进行交易，这些支票通过电子方式进行传递，处理方式与传统支票有许多相似之处。账号用户会取得一份电子文件，其内容包括付款者姓名、账户号码、付款金融机构名称、接收支票者的姓名及支票的总金额等。

### 6.1.3　电子金融服务

电子金融服务是各种金融产品进行交易的电子手段，主要包括电子银行股票交易、期货交易、外汇交易等强大、严密的电子交易平台。

**1.电子银行服务**

电子银行服务又称网上银行服务，它利用计算机和互联网技术，为客户提供综合、实时的全方位银行服务；相对于传统银行服务，电子银行服务是一种全新的银行服务手段或全新的企业组织形式。对于传统银行服务而言，电子银行服务具有以客户为中心、采用多种服务方式和服务渠道以及开放性、集成性等特点。

**2.网上保险**

网上保险是指保险公司或新型的网上保险中介机构以互联网和电子商务技术为工具来支持保险经营管理活动的经济行为。通过广泛的网上保险信息共享系统，保险公司可以扩大与客户群的接触面，直接提供和出售保险商品，从而减少销售环节，节约了佣金，降低了人力成本，提高了公司的竞争力，同时扩大了市场份额。

**3.电子化的资本市场**

电子化的资本市场主要是指现代信息技术在资本市场尤其是在证券市场的广泛应用，涉及的内容包含各种证券电子交易系统、网上经纪业务、电子通信网络以及在网上公开的综合信息服务等。

**4.网上个人理财**

网上个人理财是指运用Internet技术，为客户提供理财信息查询和理财分析工具，帮助理财者制订个性化的理财计划，以及提供理财投资工具的交易服务等一系列个人理财服务的活动。

**5.网上证券交易**

网上证券交易是指投资者通过互联网来进行证券买卖的一种方式，网上证券交易系统一般都提供有实时行情、金融资讯、下单、查询成交回报、资金划转等一体化服务。

# 6.2 网上银行

网上银行业务有许多优势。一是大大降低了银行的经营成本，有效地提高了银行的盈利能力。开办网上银行业务，主要是利用公共网络资源，不需设置物理的分支机构或营业网点，减少了人员费用，提高了银行后台系统的效率。二是无时空限制，有利于扩大客户群体。三是有利于服务创新，向客户提供多种类、个性化的服务。

通过银行营业网点销售保险、证券和基金等金融产品，往往会受到很大的限制，主要是由于一般的营业网点难以为客户提供详细的、低成本的信息咨询服务。利用互联网和银行支付系统，容易满足客户咨询、购买和交易多种金融产品的需求，客户除办理银行业务外，还可以很方便地进行网上买卖股票、债券等，网上银行能够为客户提供更加合适的、个性化的金融服务。

## 6.2.1 网上银行的业态

网上银行发展的模式有两种，一是完全依赖于互联网的、无形的电子银行，也叫作“虚拟银行”。所谓虚拟银行就是指没有实际的物理柜台作为支持的网上银行，这种网上银行一般只有一个办公地址，没有分支机构，也没有营业网点，采用互联网等高科技服务手段与客户建立密切的联系，提供全方位的金融服务。二是在现有的传统银行服务的基础上，利用互联网开展传统的银行业务交易服务。传统银行利用互联网作为新的服务手段为客户提供在线服务，实际上是传统银行服务在互联网上的延伸，这是网上银行存在的主要形式，也是绝大多数商业银行采取的网上银行的发展模式。

## 6.2.2 网上银行业务介绍

一般来说，网上银行的业务品种主要包括基本网银业务、网上投资、网上购物、个人理财助理、企业银行服务及其他金融服务等。

**1.基本网银业务**

商业银行提供的基本网银业务包括：在线查询账户余额、交易记录，下载数据、转账和网上支付等。

### 2.网上投资

由于金融服务市场发达，可以投资的金融产品种类众多，网上银行一般提供包括股票、期权、共同基金投资等多种金融网上投资服务。

### 3.网上购物

商业银行的网上银行设立的网上购物协助服务，大大方便了客户的网上购物，为客户在相同的服务品种上提供了优质的金融服务或相关的信息服务，加强了商业银行在传统竞争领域的竞争优势。

### 4.个人理财助理

个人理财助理以前是国外网上银行重点发展的一个服务品种。目前，国内各大银行将传统银行业务中的理财助理转移到网上进行，通过网络为客户提供理财的各种解决方案，提供咨询建议或者金融服务技术的援助，从而极大地扩大了商业银行的服务范围，并降低了相关的服务成本。

### 5.企业银行服务

企业银行服务是网上银行服务中最重要的组成部分之一，其服务品种比个人客户的服务品种更多，也更为复杂，对相关技术的要求也更高，所以能够为企业提供网上银行服务是商业银行实力的体现之一。一般中小网上银行或纯网上银行只能部分提供，甚至完全不提供这方面的服务。企业银行服务一般提供账户余额查询、交易记录查询、总账户与分账户管理、转账、在线支付各种费用、透支保护、储蓄账户与支票账户资金自动划拨、商业信用卡等服务；此外，还包括投资服务等，部分网上银行还为企业提供网上贷款业务。

### 6.其他金融服务

除了基本网银业务外，大商业银行的网上银行均通过自身或与其他金融服务网站联合的方式，为客户提供多种金融服务产品（如保险、抵押和按揭等），以扩大网上银行的服务范围。

## 6.2.3 网络银行常用的认证介质

网上交易不是面对面的，客户可以在任何时间、任何地点发出请求，传统的身份识别方法通常是靠客户名和登录密码对客户的身份进行认证。但是，客户的密码在登录时以明文的方式在网络上传输，很容易被攻击者截获，进而可以假冒客户的身份，这样，身份认证机制就会被攻破。

### 1.密码

密码是每一个网上银行必备的认证介质，务必要使用安全好记的密码，不过密码非常容易被木马盗取或被他人偷窥。其安全系数为30%，便捷系数为100%。

**2.文件数字证书**

文件数字证书是存放在电脑中的数字证书，每次交易时都需用到，如果你的电脑没有安装数字证书是无法完成付款的；已安装文件数字证书的用户只需输密码即可。未安装文件数字证书的用户安装证书需要验证大量的信息，相对比较安全。但是文件数字证书不可移动，对经常换电脑使用的用户来说不方便，而且文件数字证书有可能被盗取，所以不是绝对安全的。目前，这种数字证书已经逐步退出网银认证系统。

**3.动态口令卡**

动态口令卡是一种类似游戏的密保卡样子的卡。卡面上有一个表格，表格内有几十个数字。当进行网上交易时，银行则会随机询问你某行某列的数字，如果能正确地输入对应格内的数字便可以成功交易；反之不能。动态口令卡可以随身携带、轻便、不需驱动文件，使用方便，但是如果木马长期驻存在你的电脑中，可以渐渐地获取你的口令卡上的很多数字，当获知的数字达到一定数量时，你的资金便不再安全，而且如果在外使用，也容易被人盗取。

**4.动态手机口令**

当你尝试进行网上交易时，银行会向你预留在银行的手机号码上以短信形式发送验证码，如果你能正确地输入收到的验证码则可以成功付款，反之则不能。不需安装驱动程序，只需随身带手机即可，不怕偷窥，不怕木马，相对安全。但是必须随身带手机，手机不能停机，不能丢失。而且，有时通信运营商服务质量低会导致短信迟迟没到，影响效率。

**5.移动口令牌**

类似梦幻西游的将军令，一定时间换一次号码。付款时只需按移动口令牌上的键，这时就会出现当前的编码。1分钟内在网上银行付款时可以用这个编码付款。如果无法获得该编码，则无法成功付款。不需要驱动，不需要安装，只要随身带就行，不怕偷窥，不怕木马，口令牌的编码一旦使用过就立即失效。

**6.移动数字证书**

移动数字证书，工行叫作U盾，农行叫作K宝，建行叫作网银盾，光大银行叫作阳光网盾，在支付宝中的叫作支付盾。它存放着客户个人的数字证书，并不可读取。同样，银行也记录着客户的数字证书。当客户尝试进行网上交易时，银行会向客户发送由时间字串、地址字串、交易信息字串、防重放攻击字串组合在一起进行加密后得到的字串A，U盾将根据客户的个人证书对字串A进行不可逆运算得到字串B，并将字串B发送给银行，银行端也同时进行该不可逆运算。如果银行运算的结果和客户端的运算结果一致，便认为客户的操作合法，交易便可以完成；如果不一致，便认为客户的操作不合法，交易便会失败。

现行网上银行一般都是密码加上述5种认证介质中的1种来操作。从安全角度来说，移动数字证书最安全，因为只要不丢失就是安全的；动态手机口令、移动口令牌这两种也很安全，但是最好防止被偷窥。从便捷角度来说，家庭用户使用文件数字证书最方便，付款时只需输入密码即可，而且也比较安全。网吧用户使用免驱移动数字证书（暂时没有银行提供，招行虽然免驱但是需要安装客户端）、移动口令牌、动态手机口令、动态口令卡比较方便。从经济角度来说，文件数字证书、动态口令卡、动态手机口令不需要费用或费用很低，而移动数字证书、移动口令牌则需要支付一定的费用。

## 6.3　个人网银申请开通及使用流程

网上银行又称为“3A银行”，因为它不受时间、空间的限制，能够在任何时间（Anytime）、任何地点（Anywhere）、以任何方式（Anyway）为客户提供金融服务。

### 6.3.1　开通个人网上银行专业版的方式

由客户亲自持个人身份证、银行卡，到开卡银行申请开通个人网上银行，获得电子证书并安装，即可使用。建议备份个人证书，为更换电脑后的使用做准备。

### 6.3.2　开通个人网上银行个人版的方式

以工商银行为例：

（1）申请账户。用户首先按照开通个人网银专业版的方式到中国工商银行营业网点进行申请，申请后即可进行网银登录。也可以登录中国工商银行的网站，注册开通网上银行。

（2）网银登录。按照工商银行官方网站提示，需要下载并安装“网银助手”。安装成功之后，启动工行网银助手进行控件安装及环境设置情况检查（如图6-1所示）。

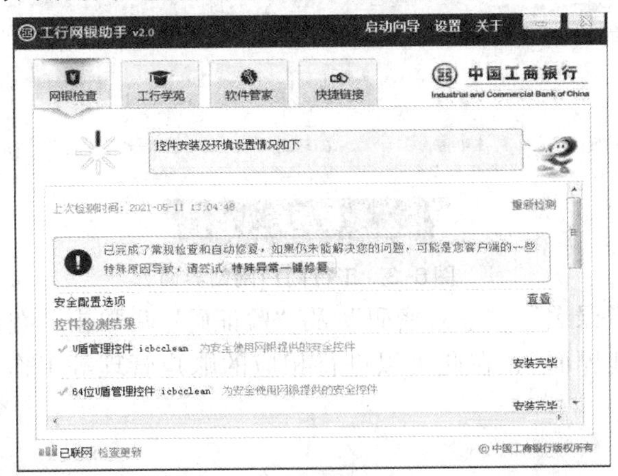


图6-1　工行网银助手界面

一切正常后可以单击“快捷链接”按钮，然后单击“个人网银”按钮（或者通过浏览器访问中国工商银行中国网站后单击“个人网上银行”按钮）（如图6-2、图6-3所示）。

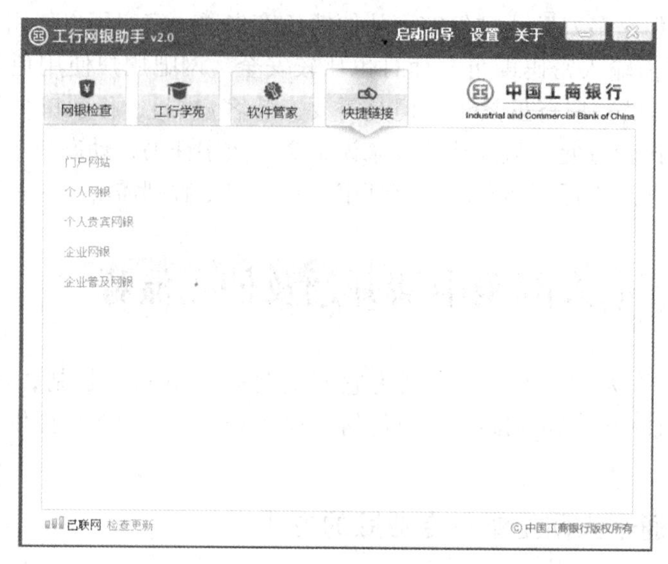


图6-2　工行门户网站快捷链接界面

图6-3　工行门户网站界面

输入相应的“登录名”、“登录密码”及“验证码”后单击“登录”按钮（如图6-4所示）。进入“欢迎界面”，在此可以进行相应的账户管理等工作（如图6-5、图6-6所示）。

图6-4　工行个人网银登录界面

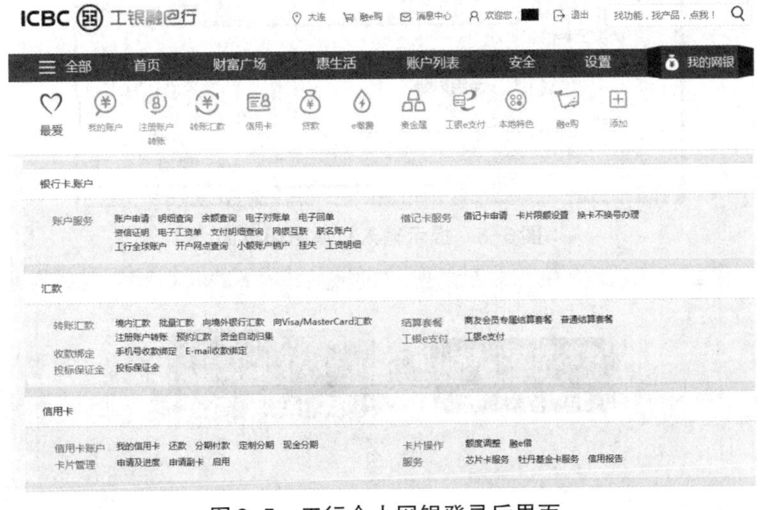


图6-5　工行个人网银登录后界面

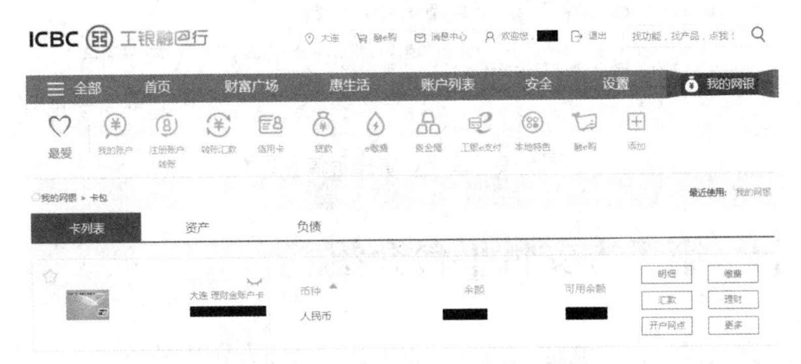


图6-6　工行个人网银账户管理界面

（3）账户管理及网上交易。网上交易过程中要求使用U盾，按要求将U盾连接好后单击“确定”按钮（如图6-7所示）。

图6-7 提示插入工行U盾界面

输入相应的密码，按U盾提示要求进行操作即可进行网上交易（如图6-8、图6-9所示）。

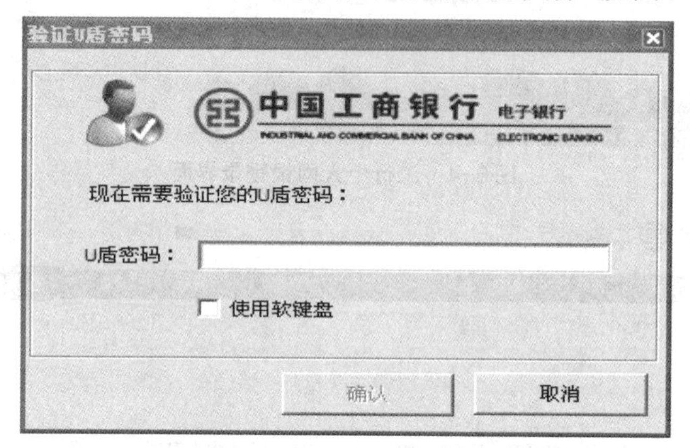


图6-8 提示输入U盾密码界面

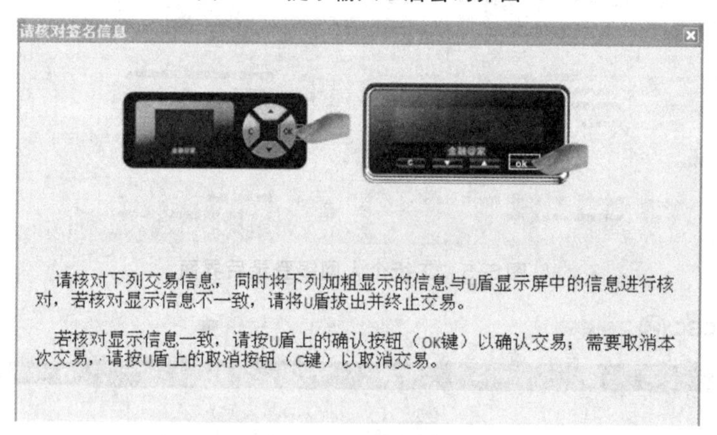


图6-9 工行U盾提示信息界面

## 6.4 第三方支付平台介绍

所谓第三方支付平台，就是一些和产品所在国家以及国内外各大银行签约并具备一定实力和信誉保障的第三方独立机构提供的交易支持平台。在通过第三方支付平台的交易中，买方选购商品后，使用第三方支付平台提供的账户进行货款支付，由对方通知卖家货款到达并进行发货；买方检验物品后，就可以通知付款给卖家。第三方支付平台的出现，从理论上讲，杜绝了电子交易中的欺诈行为。

### 6.4.1 主流品牌

中国国内的第三方支付产品主要有PayPal、中汇支付、支付宝、拉卡拉、财付通、微信支付、盛付通、腾付通、通联支付、易宝支付、中汇宝、快钱、国付宝、百付宝、物流宝、网易宝、网银在线、环迅支付IPS、汇付天下、汇聚支付、宝易互通、宝付、乐富等。国内用户数量最大的是微信支付和支付宝。

支付宝（中国）网络技术有限公司是在国内领先的独立第三方支付平台，是由阿里巴巴集团在2004年12月创立的第三方支付平台，是阿里巴巴集团的关联公司。支付宝致力于为中国电子商务提供“简单、安全、快速”的在线支付解决方案。

微信支付是腾讯公司的支付业务品牌，微信支付提供公众号支付、APP支付、扫码支付、刷卡支付等支付方式。微信支付结合微信公众账号，全面打通O2O生活消费领域，提供专业的第三方支付平台。

### 6.4.2 支付流程

在第三方支付交易流程中，支付模式使商家看不到客户的信用卡信息，同时又避免了信用卡信息在网络上多次公开传输而导致信用卡信息被窃的情况。以B2C交易为例：第一步，买方在电子商务网站上选购商品，最后下单购买，买卖双方在网上达成交易意向；第二步，买方向第三方支付平台发出支付信息；第三步，买方利用第三方支付平台向银行发出支付信息；第四步，买方用信用卡将货款划到第三方账户；第五步，银行向买方发送支付结果；第六步，第三方支付平台将买方已经付款的消息通知商家，并要求商家在规定的时间内发货；第七步，商家收到通知后按照订单发货；第八步，买方收到货物并验证后通知第三方支付平台，将其账户上的货款划入商家账户中，交易完成。

### 6.4.3 安全问题

尽管网上支付的发展前景普遍被人看好，但暴露出来的一些网上支付的安全问题仍然需要重视。比如，违法者通过设立仿冒网站、发送伪造电子邮件甚至利用电脑病毒等手段，骗取用户的银行账号、密码等信息。

**1.网络钓鱼**

“网络钓鱼”是出现的一种比较典型的诈骗方式，顾名思义，就是利用一些不被人注意的诱饵，来骗取用户的账号和密码。通常违法者都是利用向别人发送垃圾邮件，将受害者引导到一个假的网站，这个假网站会做得与某些电子银行网站一模一样，粗心的用户往往会将自己的账号和密码发送到违法者手中。

**2.鸡尾酒钓鱼术**

网络“鸡尾酒钓鱼术”更让人防不胜防。与使用仿冒网站点和假链接行骗的“网络钓鱼”不同，“鸡尾酒钓鱼术”直接利用真的银行网站行骗，即使是有经验的用户也可能会陷入骗子的陷阱。据光华反病毒中心的专家介绍，“鸡尾酒钓鱼术”是通过用户单击邮件中包含这种技术的链接触发。当用户单击邮件中的链接以后，的确能登录网上银行的正常站点，但是违法者的恶意代码会让网上银行的站点上出现一个类似登录框的弹出窗口，毫无戒心的用户往往会在这里输入自己的账号和密码，而这些信息就会通过电脑病毒发送到违法者指定的邮箱中。由于利用了客户端技术，银行方面也很难发现自己的站点有异常。

### 6.4.4 注意事项

随着网络技术发展的日新月异，应运而生的“网上购物”越来越被大众接受，逐渐成为人们的主流购物方式。由于跟资金密切相关，在享受方便的网购乐趣的同时，保证网上支付的安全显得更加重要。

**1.一个密码走天下，密码好记就OK**

很多人把所有的账号和密码都设置为一样，并且喜欢用生日、身份证号码等数字作为账号密码。这样的密码极易被盗号者破解，任何一次的资料泄露都极有可能导致用户所有账户链失去安全保障。应该为网上支付账号设置单独的密码，使用“数字+字母+符号”组合的高安全级别的密码。如果需要设置登录密码和支付密码两个密码，必须设置成不同。

**2.账号、密码存电脑，方便记**

有的用户喜欢把账号密码保存在电脑某个文件中。若电脑处于联网状态，就有可能被木马侵害，账号密码也可能被泄露。建议账户与密码不要保存于联网的电脑中，对于一些不熟悉的网站，填写信息时要谨慎。

**3.卖家提供的链接不会有问题**

有些消费者网购时轻信卖家，不假思索地就单击了卖家发送的不明链接。卖家发送的链接有可能是个木马网站，随意进入可能会遭木马攻击，从而泄露支付账号和密码。这个时候应该登录正确的网址，按照购物流程直接在平台内购买、支付，不要轻易单击卖家发送的不明链接。

**4.账号“裸奔”最方便**

部分消费者认为网购图的就是方便、快捷，使用数字证书、宝令太麻烦，而且安装也麻烦。其实没有一些安全产品的保护，账号是很容易被入侵的。

所以应该使用数字证书、宝令、支付盾等能帮助提升账户的安全等级的安全产品。安装了这些安全产品，用户即使被盗，盗用者在没有证书、支付盾或宝令的情况下也无法操作资金，从而可以避免资金的损失。

**5.用网银付款更安全**

有的用户觉得使用网银操作，有了U盾等硬件在手里，交易就一定是安全的。事实上很多木马钓鱼软件都是针对从第三方支付平台跳转到网银页面的中间步骤进行欺诈作案，支付平台向网银跳转的过程很容易被利用。网上支付除了自己做足安全保障，支付平台的安全保障承诺也很重要，应尽量选择付款操作统一在指定的平台完成，无须跳转，可以有效封杀欺诈软件的空间。

### 6.4.5 注册支付宝

支付宝的网络支付账户支持绑定手机，并支持设定手机动态口令。用户可以设定当单笔支付额度或者每日支付累计额度超过一定金额时，就需要进行手机动态口令校验，从而增强资金的安全性。

（1）登录支付宝首页（如图6-10和图6-11所示）。

图6-10 登录支付宝首页

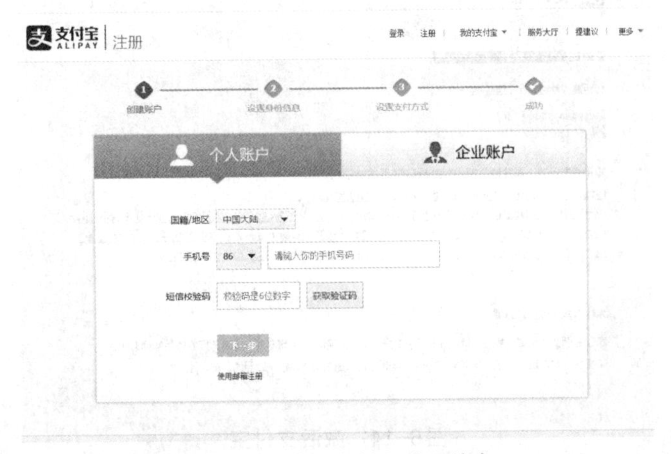


图6-11 填写支付宝注册信息

（2）获取并填写验证码（如图6-12所示）。

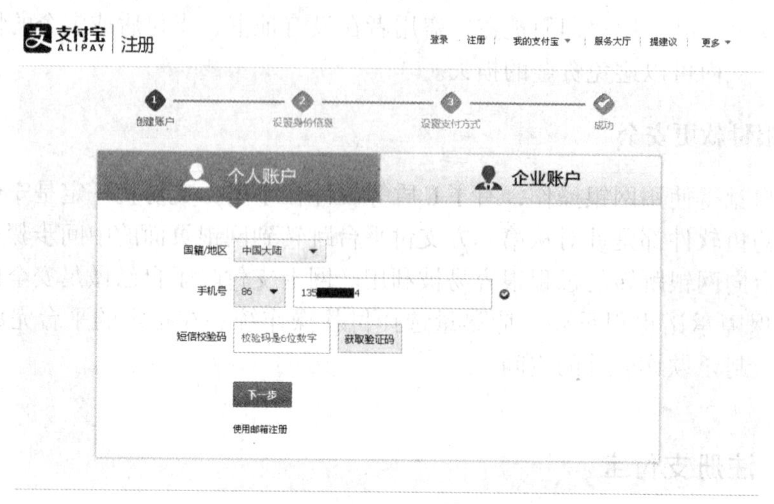


图6-12　获取并填写校验码

（3）填写常用邮箱（如图6-13所示）。

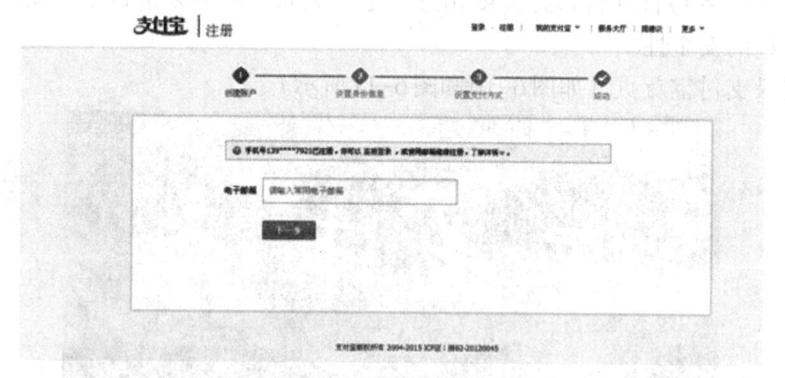


图6-13　填写常用邮箱

（4）登录邮箱进行激活（如图6-14所示）。

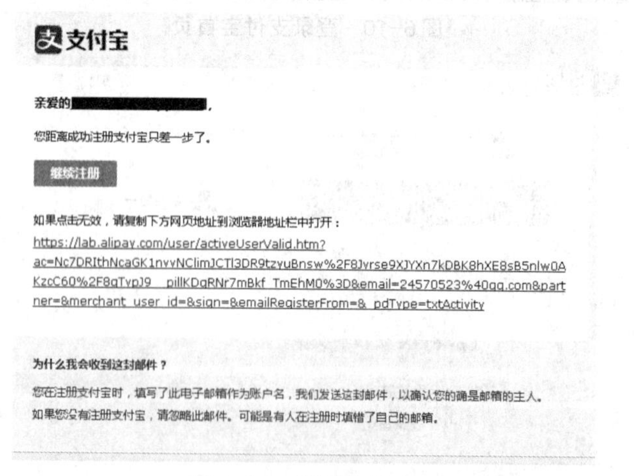


图6-14　激活支付宝

（5）设置相应身份信息（如图6-15所示）。

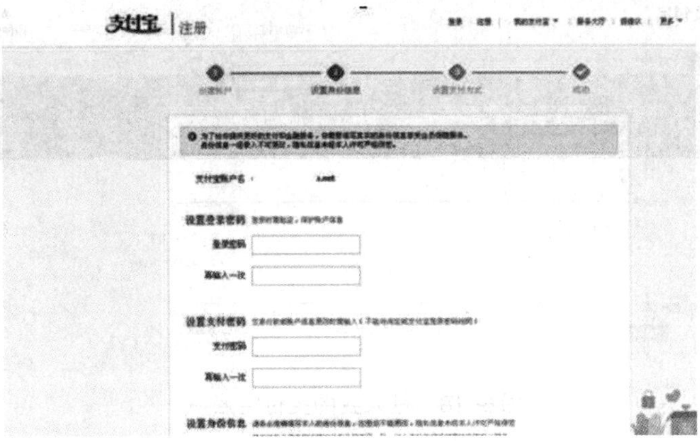

图6-15　设置相应身份信息

（6）设置支付方式（如图6-16所示）。

图6-16　设置支付方式

（7）成功注册（如图6-17所示）。

图6-17　成功注册

（8）进入我的支付宝，进行账户充值后即可使用（如图6-18所示）。

图6-18 进入我的支付宝账户

## 6.5 网上证券的相关概念

我国互联网用户的增长速度很快，同时网上炒股的股民数量也在逐年增长。网上证券交易，是指投资者通过互联网来进行证券买卖的一种方式，网上证券交易系统一般都提供有实时行情、金融资讯、下单、查询成交回报、资金划转等一体化服务。

网上证券交易与传统证券交易的最大区别就是：投资者发出的交易指令在到达证券营业部之前，是通过公共网络即互联网传输的。主要交易功能有：登录、委托买入、委托卖出、委托撤单、委托查询、成交查询、资金明细查询、历史委托查询、当日委托查询等。

### 6.5.1 网上证券交易的基本形式

#### 1.实时股市行情接收

股票行情按照其显示方式可分为图形行情和文字行情两种，文字行情就是采用文字刷新来显示股票的价格变动，而图形行情则是将价格的变动通过图形表达出来。

#### 2.实时网上交易

通过互联网比较容易实现实时交易。网上交易通过个人的资金账号、股票账户以及交易密码录入，确保股票买卖的准确性；可以方便及时地查询自己的股票成交情况；另外，投资者的资金和股票变动可直接通过电子邮件进行通知。

#### 3.盘后（股市全日交易结束）行情的数据接收

大部分投资者只是业余投资股票，其操作周期比较长，没有必要跟踪即时行情，一般通过看报、听广播、看电视等媒介来了解股票情况，这些方式的弊病是：仅能了解股票价格的情况，无法从技术分析的角度对股票投资进行理性化操作。而通过互联网，可方便地了解股票的涨跌、查阅各种指标的排行、掌握自己的资金和股票的盈亏情况，还可以对各种技术指标进行分析。

**4.网上电子信息和报刊**

信息和报刊上网，其优势非常明显，可最大限度地降低印刷和发行费用，减少传递环节的“时间差”。

**5.股票自由讨论**

网络上各种先进的交流方式同样也可以非常生动地应用到股市沙龙中，让更为广泛的投资者进行多种形式的交流。常用的方式有：邮件交流、网上聊天室、新闻讨论组、Internet可视电话等。

### 6.5.2　网上证券交易的特点

目前，网上证券交易有替代传统证券交易的势头。一方面是由于近年来国际互联网的迅猛发展以及互联网与证券经纪业务的有机结合；另一方面是因为网上证券交易相对于传统的交易方式而言具有较多的优势。

首先，网上证券交易以无所不在的国际互联网为载体，通过高速、有效的信息流动，从根本上突破了地域的限制，将身处各地的投资者有机地聚集在无形的交易市场中，投资者能在国内甚至全球任何地点上网进行证券交易，使得那些有投资欲望但却无暇或不便前往证券营业部进行交易的人士进行投资成为可能。

其次，网上证券交易通过国际互联网，克服了传统市场上信息不充分的缺点，有助于提高证券市场的资源配置效率。

最后，网上证券交易可以降低证券交易的交易成本和交易风险。网上交易的引入，使得客户彻底突破传统远程交易的制约，无须投入附加的远程信息接收硬件设备，在普通的计算机上就可以全面地把握市场行情和交易的最新动态，投资者足不出户就可以办理信息传递、交易、清算、交割等事务，节约了大量的时间和金钱。对券商而言，网上交易的大规模开展，可以大幅度降低营业部的设备投入和日常的运营费用；此外，网上交易通常采用对称加密和不对称加密相结合的双重数据加密方式，再加上证券公司本身的数据加密系统，使得网上证券交易的安全性无懈可击。

### 6.5.3　证券账户种类划分

在我国，证券账户按开户市场分为上海证券账户和深圳证券账户。按可交易的对象分为：A股股票账户、B股股票账户、基金账户、股份转让账户、其他账户。A股股票账户可以买卖A股股票及其权证、基金、债券等；B股股票账户可以买卖B股股票；基金账户可以买卖证券交易所挂牌上市的基金、国债、可转债等；股份转让账户可以买卖三板A股股票和B股股票；其他账户由上海、深圳证券登记公司为特定投资人开立。

### 6.5.4 开设A股证券账户的流程

我国境内自然人开户需要携带本人的有效身份证明原件及复印件，开户人在交易时间到证券营业部网点业务柜台办理包括上海、深圳的股东账户及资金账户的开户手续，现今是不收取开户费用的。具体流程如下：

**1.开立股东账户卡**

对于个人客户来说，需要凭本人身份证及同名银行活期储蓄存折，亲自到就近的证券公司证券营业部办理；委托他人代办的，还需要提交经公证的委托代办书、代办人身份证及复印件。个人投资者必须如实填写“自然人证券账户注册申请表”。

**2.开立资金账户、办理股东登记**

个人客户凭本人身份证、股东账户卡及同名银行活期储蓄存折，去办理开立、登记手续；若需他人代理，则由客户本人与代理人同时到营业部签订“授权委托书”，办理相关授权手续；预留六位数的交易密码和资金密码。个人投资者必须如实填写《证券股份有限公司投资者开户手册（个人版）》。

**3.申请银证自助转账**

个人客户凭本人身份证、股东账户卡、资金账户卡、同名银行活期储蓄存折（卡）办理；可选择营业部指定的其中任意一家银行。

**4.申请委托方式**

个人客户凭本人身份证、股东账户卡、资金账户卡等资料，签订相关协议。

### 6.5.5 方便快捷的其他开户方式

如今各证券公司大都开展手机开户、预约开户和网上开户等业务。可以不用去证券公司的营业部，不必填写大量的表格，轻松开户。国信证券开户页面及手机开户页面分别如图6-19和图6-20所示。

图6-19　国信证券开户页面

143 B/s 67% 13:49
国信证券手机开户
免出门 不排队
手机开户，方便快捷
股市有风险，投资需谨慎
请输入手机号码
请输入图形安全码 2331
请输入短信验证码 发送验证码
马上开户
阅读并同意《风险警示》、《国信证券金太阳隐私政策》,将为您注册国信通账户
咨询在线客服

图6-20　国信证券手机开户页面

## 6.5.6 网上股票交易

在成功下载并安装好证券公司的交易软件后，用开户时得到的证券账户登录后就可以在网上进行股票买卖，交易的手续费因各个证券公司而异。另外，在进行股票买卖之前，需要先进行银行与证券资金账户之间的资金划转，确保证券资金账户有足够的金额。以下分别是广发证券网上交易系统登录界面和进行股票买卖的操作界面（如图6-21和图6-22所示）。

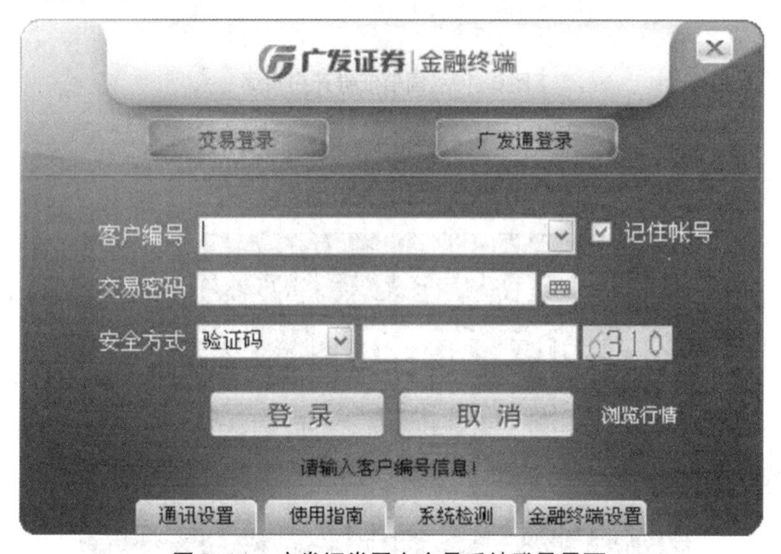


图6-21 广发证券网上交易系统登录界面

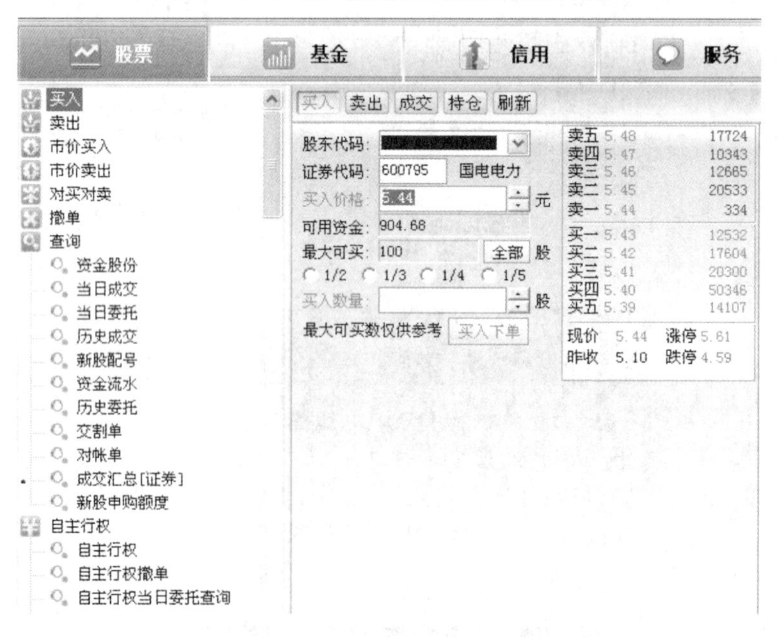


图6-22 广发证券网上股票买卖的操作界面

## 本章课后习题

一、单项选择题

1.以下操作网上金融做不到的是（　　）。

A.网上支付　B.网上转账　C.网上开户　D.网上开户银行卡

2.不属于网络银行认证介质的是（　　）。

A.动态口令卡　B.动态手机口令　C.移动口令牌　D.移动验证码

3.关于第三方支付平台下列说法不正确的是（　　）。

A.买方向第三方支付平台发出支付信息

B.买方向银行发出支付信息

C.买方用信用卡将货款划到第三方账户

D.第三方支付平台将买方已经付款的消息通知商家

4.对账户密码设置正确的操作是（　　）。

A.一个密码走天下，密码好记就OK

B.账号、密码存电脑，方便记

C.按照字母、数字和特殊字符的组合规则编辑密码

D.卖家提供的链接不会有问题

5.对于第三方支付平台说法正确的是（　　）。

A.第三方支付账户只能在国内使用

B.第三方支付账户开通需要绑定银行卡

C.现货交易无法使用网上支付功能

D.支付无须验证

二、操作题

1.申请个人网银账户，并登录网银。

2.注册支付宝账号。

3.下载相应的网上证券软件，安装并浏览当天大盘行情。

# 第7章　网上购物

网上购物简称“网购”，是指买家通过网络销售平台检索到相关商品销售信息后，进一步核实卖家提供的商品信息和价格，了解卖家的信誉以及该商品的销售状况（销售数量、买方评价等），最终确定购买意向，以电子订购单形式发出订购请求并选择有保障的交易方式进行货款支付，卖家根据买家订购信息发货，通过物流配送将商品送到买家手中等一系列环节完成交易的网上购物形式。网上购物方便快捷、经营成本低、库存压力小，已逐渐成为当前一种流行的购物形式。

## 7.1　网上购物的知名网站

当前，很多知名的网上购物商城都实现了一站式综合购物，强调购物体验，有完善的退换货流程和自主可选的货款支付方式。

### 1. 淘宝网

淘宝网是亚太地区较大的网络零售平台，由阿里巴巴集团在2003年5月10日投资创立。淘宝网现在业务跨越C2C（个人对个人）、B2C（商家对个人）两大部分。

### 2. 天猫

天猫原名淘宝商城，2012年1月11日，淘宝商城正式宣布更名为“天猫”，成为全新打造的B2C平台。它整合了数千家品牌商、生产商，为商家和消费者提供一站式解决方案。天猫提供100%品质保证的商品和7天无理由退货的承诺，以及购物积分返现等优质服务。

### 3. 当当网

当当网是知名的综合性网上购物商城。从1999年11月正式开通至今，已从早期的中文网上图书音像商城拓展到各类百货零售业务，包括图书音像、美妆、家居、母婴、服装和3C数码等几十个大类，数百万种商品。

2020年1月，当当网宣布全场30万电子书开放免费阅读。

### 4. 京东商城

京东商城是目前中国最大的综合网络零售商，是中国电子商务领域最受消费者欢迎和最有影响力的电子商务网站之一。在线销售超数万品牌，囊括家电、手机、电脑、母婴、服装等13大品类。京东以“产品、价格、服务”为核心，致力于为消费者提供质优的商品、优惠的价格，同时推出“211限时达”“售后100分”“全国上门取件”“先行赔付”等多项专业服务。

**5.亚马逊**

亚马逊公司总部位于美国西雅图，成立于1995年7月，目前已成为全球商品种类最多的网上零售商。亚马逊致力于成为全球“以客户为中心”的公司，使客户能在公司网站上找到和发现任何他们想在线购买的商品，并努力为客户提供最低的价格。作为一家在中国处于领先地位的电商，亚马逊中国为消费者提供图书、音乐、影视、手机数码、家电、家居、玩具、健康、美容化妆、钟表首饰、服饰箱包、鞋靴、运动、食品、母婴、户外和休闲等32大类、上千万种的产品，通过“货到付款”等多种支付方式，为中国消费者提供便利、快捷的网购体验。

**6.1号会员店**

1号会员店是京东旗下会员制购物平台，定位“中国首家B2C会员制电商”，通过全场自营、精选商品模式，致力于为用户提供品质升级、超值天天低价、便捷省心的会员制购物体验。

## 7.2　网上购物的优势

**1.为消费者带来的好处**

消费者可以在家“逛商店”，订货不受时间、地点的限制；获得较大量的商品信息，可以买到当地没有的商品；网上支付较传统现金支付更加安全，可避免现金丢失或遭到抢劫；从订货、买货到货物上门无须亲临现场，既省时，又省力；由于网上商品省去租店面、招雇员及储存保管等一系列费用，总的来说其价格较一般商场的同类商品更物美价廉。

**2.为商家带来的好处**

首先，由于网上销售库存压力较小、经营成本低、经营规模不受场地限制等，企业选择网上销售，通过互联网对市场信息的及时反馈适时调整经营战略，以此提高企业的经济效益和参与国际竞争的能力。其次，对于整个市场经济来说，这种新型的购物模式可在更大的范围内、更广的层面上以更高的效率实现资源配置。

综上可以看出，网上购物突破了传统商务的障碍，无论对消费者、企业还是市场都有着巨大的吸引力和影响力，在新经济时期无疑是达到“多赢”效果的理想模式。

## 7.3 网上购物存在的问题

**1.高额奖品误导消费者**

有些不法网站、网页，往往利用巨额奖金或奖品诱惑、吸引消费者浏览网页，并购买其产品。

**2.虚假广告**

有些网站提供的产品说明夸大甚至虚假宣传，消费者购买到的实物与网上看到的样品不一致。

**3.设置格式条款**

买货容易退货难，一些网站的购买合同采取格式化条款，对网上售出的商品不承担“三包”责任、没有退换货说明等。消费者购买了质量不好的产品，想换货或者维修时，就无计可施了。

**4.骗取个人信息**

网上购物时不要轻易向卖家泄露个人的详细资料，在设置账户密码时尽量不要简单地使用自己的个人身份信息。遇到类似电话核实的，一定要问明对方身份再视情形配合。

**5.网络钓鱼盗信息**

不要随意打开聊天工具中发送过来的陌生网址，不要打开陌生邮件和邮件中的附件，及时更新杀毒软件。一旦遇到需要输入账号、密码的环节，交易前一定要仔细核实网址是否准确无误，再进行填写。

## 7.4 网上购物的流程

### 7.4.1 买家账号注册

不论用户想在哪一家网站在线购物，都需要在该网站注册自己的信息，这样才能保证商品的选购、与商家交流、在线付款、卖家配送商品等一系列网上购物环节的顺利实施。下面，我们以淘宝网为例来介绍用户注册操作流程。

（1）打开淘宝网首页（如图7-1所示）。

图7-1　淘宝网首页

（2）单击左上角“免费注册”链接，进入注册页面，出现的是“用户注册”界面（如图7-2所示）。

图7-2　注册页面

（3）在该页面中输入手机号码和验证码信息，单击“同意协议并注册”按钮（如图7-3所示）。

图7-3　输入验证码信息

（4）进入“填写账户信息”页面。输入相关信息（注意：“会员名”一旦注册成功就不能修改），输入完成后，单击“确定”按钮（如图7-4所示）。

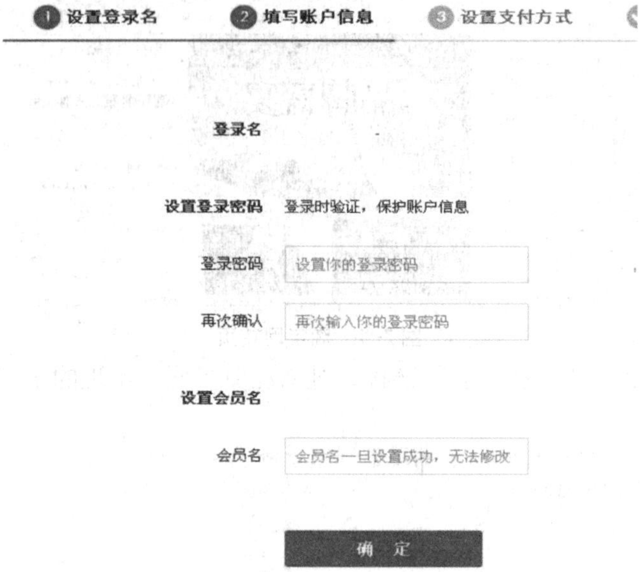

1 设置登录名　2 填写账户信息　3 设置支付方式

登录名

设置登录密码　登录时验证，保护账户信息

登录密码　设置你的登录密码

再次确认　再次输入你的登录密码

设置会员名

会员名　会员名一旦设置成功，无法修改

确 定

图7-4　填写账户信息

（5）在“设置支付方式”页面中输入相关信息，以保证网上购物时的支付方式有效，单击“确定”按钮或单击“直接跳过，完成注册”按钮（如图7-5所示）。

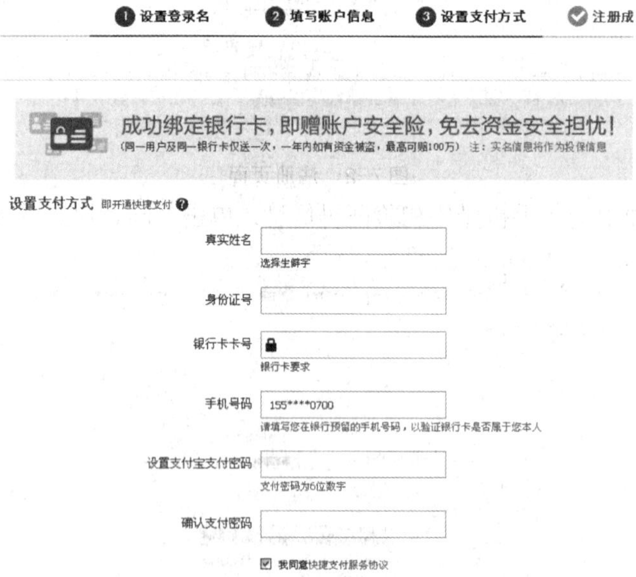

1 设置登录名　2 填写账户信息　3 设置支付方式　注册成

成功绑定银行卡，即赠账户安全险，免去资金安全担忧！

设置支付方式　即开通快捷支付

真实姓名

身份证号

银行卡卡号

手机号码　155****0700

设置支付宝支付密码

支付密码为6位数字

确认支付密码

我同意快捷支付服务协议

图7-5　设置支付方式

（6）完成账户注册（如图7-6所示）。

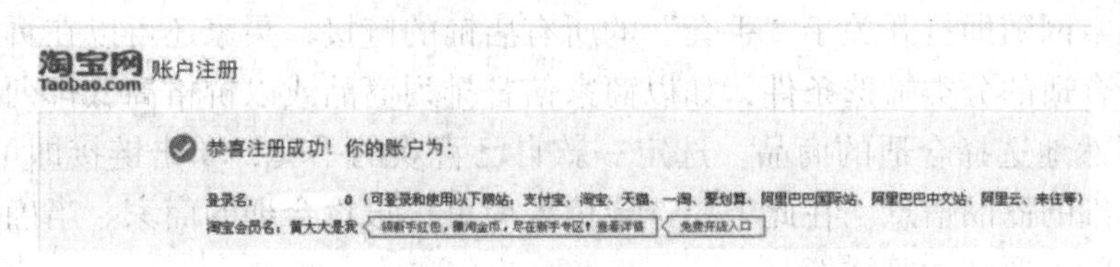


图7-6 完成账户注册

## 7.4.2 选购商品

在淘宝网注册账号后，即可使用该账号登录淘宝网，并在网站中选购自己喜欢的商品。

（1）打开淘宝网页面，在页面左上角单击“亲，请登录”链接。打开登录页面，输入注册时设置的手机号或会员名以及登录密码（如图7-7所示），单击“登录”按钮，就可以用户的身份登录进入淘宝网站。

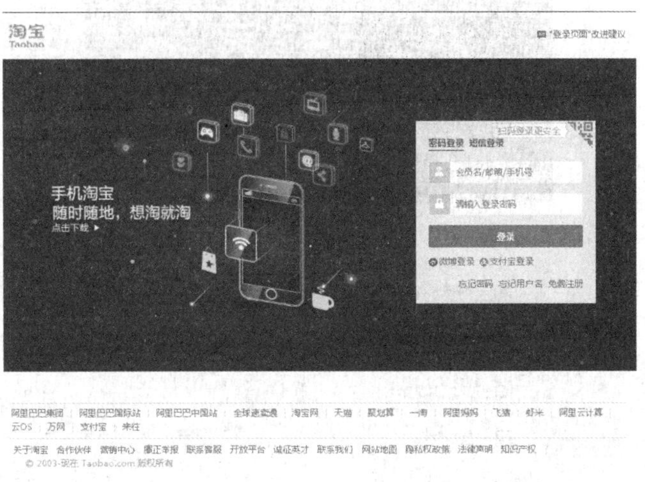


图7-7 登录页面

（2）在“宝贝”文本框中输入想要购买的商品名称的关键词，如输入“手套”，单击“搜索”按钮（如图7-8所示）。

图7-8 设置筛选条件

（3）淘宝网随即打开关于“手套”的所有店铺的链接，买家还可以在页面上方所有分类中设置合适的分类筛选条件，如以商家信誉排列商品或以价格高低排列商品，这样就能一目了然地选择合适的商品。选定一款自己喜欢的手套，单击链接即可进入店铺，可以看到详细的商品信息。在此，要选定信誉尚可、报价合理的商家。当确定好欲购买的商品后，就需要和卖家详谈。

### 7.4.3 阿里旺旺的使用

阿里旺旺是一款在淘宝网购物、开店必备的沟通软件。

（1）安装好阿里旺旺后，开启该软件并登录，进入阿里旺旺界面（如图7-9所示）。

图7-9 阿里旺旺界面

（2）在淘宝网筛选“手套”的页面中，选择合适的手套店铺链接（如图7-10所示），进入店铺（如图7-11所示）。

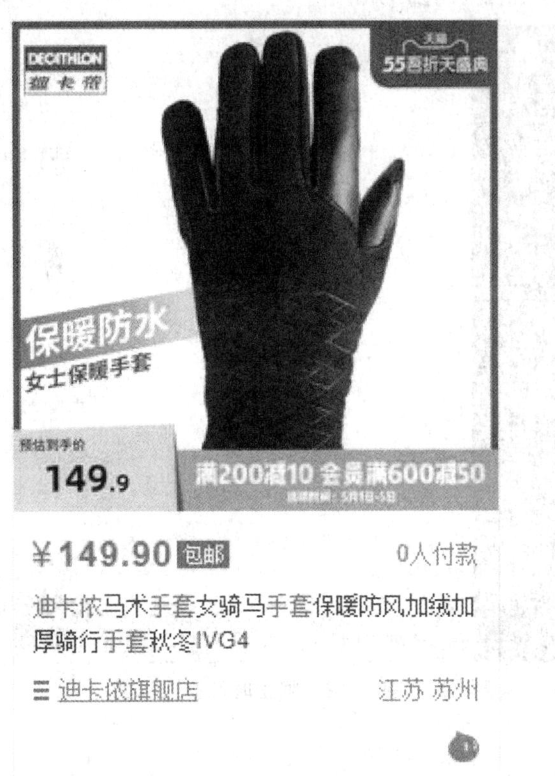


图7-10　店铺链接

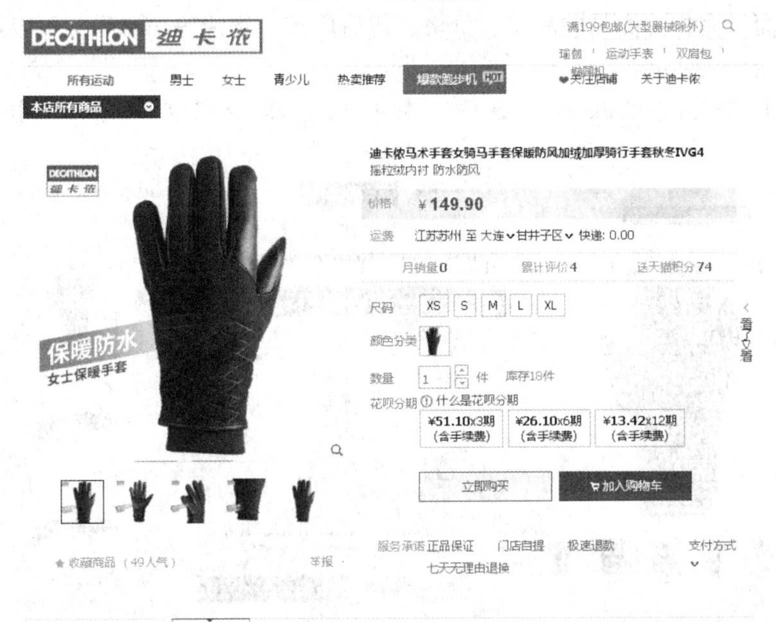


图7-11　进入店铺

（3）单击页面左上方的迪卡侬旗舰店，将自动打开阿里旺旺交流界面，买家可以在此窗口与卖家进行交流（如图7-12所示）。

图7-12 阿里旺旺交流界面

### 7.4.4 买进商品

与卖家商议完相关商品的品质、价格、售后服务、物流等信息后，可以选择合适的支付方式在线购买商品。

（1）选择好合适的尺码、颜色、数量后，单击“立即购买”按钮（如图7-13所示）。

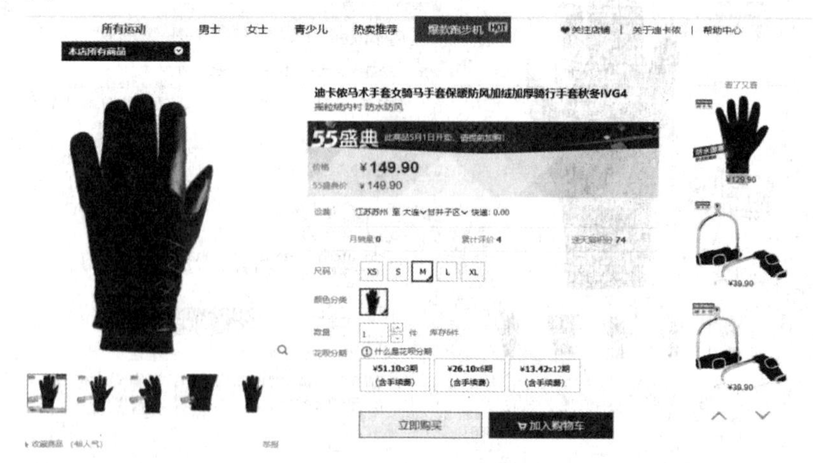


图7-13 选择并购买

（2）选择合适的收货地址，对于常用地址列表中没有体现的地址信息，可以单击“使用新地址”按钮，重新设置收货地址和收货人信息（如图7–14所示）。

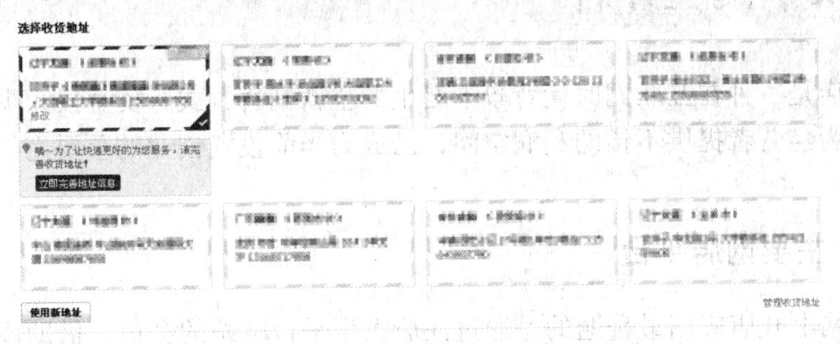


图7–14　选择收货地址

（3）在本页面下方确认完订单信息后，单击“提交订单”按钮（如图7–15所示）。

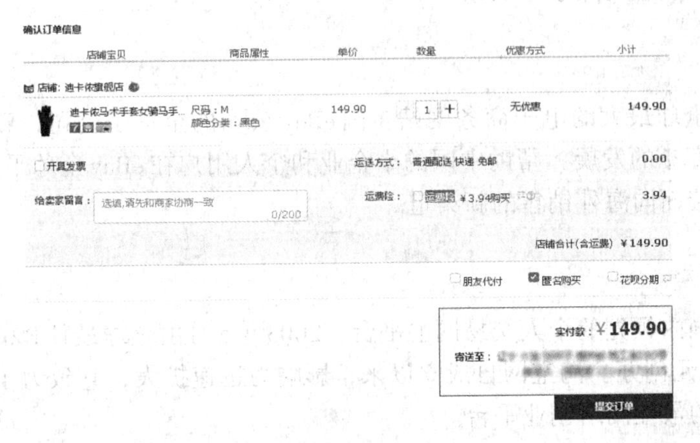


图7–15　提交订单

（4）在打开的付款方式页面中，选择合适的支付方式付款，并按照操作步骤完成支付即可（如图7–16所示）。

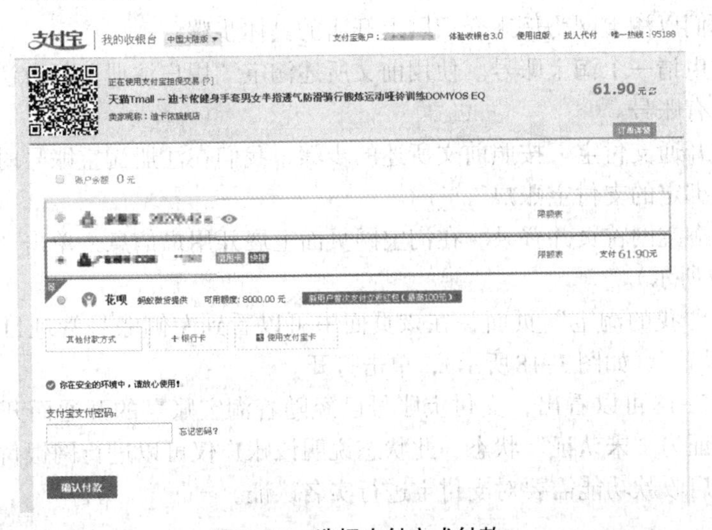


图7–16　选择支付方式付款

# 7.5 网上开店

网上开店是一种在互联网时代背景下诞生的全新销售方式，资金投入少、经营方式灵活，可以为经营者提供不错的利润空间，已成为当前投资创业的重要途径。

## 7.5.1 主要网店平台

目前，网上开店应用最普遍的是通过注册大型平台网站的会员，借助该平台的影响力开设店铺。这些平台网站各有优势，各有特点。创业者选择好符合销售物品特点的平台网站，能够使创业之路事半功倍。

**1.易趣网**

易趣网是全球最大的电子商务网站美国eBay公司的全资子公司，致力于推动中国跨国交易电子商务的发展，帮助中国的小企业和个人用户在eBay全球平台上进行销售，为他们开辟直接面向海外销售的新渠道。

**2.淘宝网**

淘宝网是国内领先的个人交易网上平台，2003年5月由全球最佳B2B公司阿里巴巴公司投资4.5亿元创办。淘宝网自成立以来，影响力迅速扩大，它致力于成为有志于网上交易的个人的最佳网络创业平台。

## 7.5.2 网上开店实例

下面，我们以淘宝网为例来介绍网上开店的具体步骤。

第一步：申请一个淘宝账号。使用前文所述淘宝“用户注册”的方法申请一个淘宝账号或使用已有账号。

第二步：开通支付宝。按照前文所述的步骤，我们在注册淘宝账号时，已经同步创建了与该账户绑定的支付宝账户。

（1）打开淘宝网首页并登录。在淘宝网页面上展开用户信息，单击“账号管理”链接（如图7–17所示）。

（2）打开“我的淘宝”页面，在该页面中可以看到左侧账号管理目录列表中有个“支付宝绑定设置”（如图7–18所示），单击打开。

（3）由图7–18可以看出，支付宝账号已经随着淘宝账号的开通而开通了，但其信息中的实名认证为“未认证”状态，此状态说明该账户仅可以进行网银付款，但无法实现收款。要开启收款功能需要对支付宝进行实名认证。

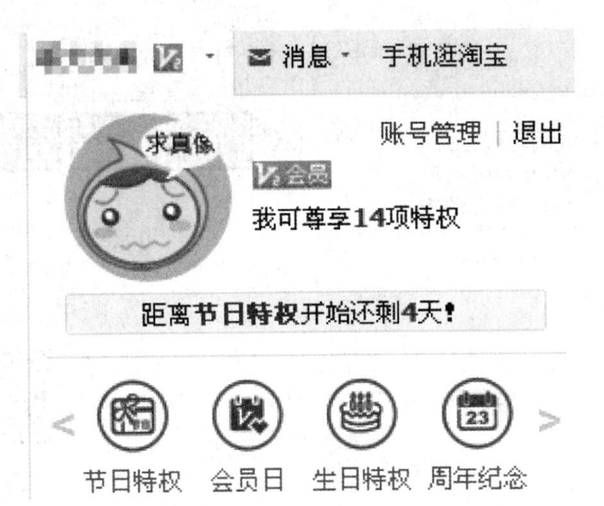


图7-17　淘宝账户信息

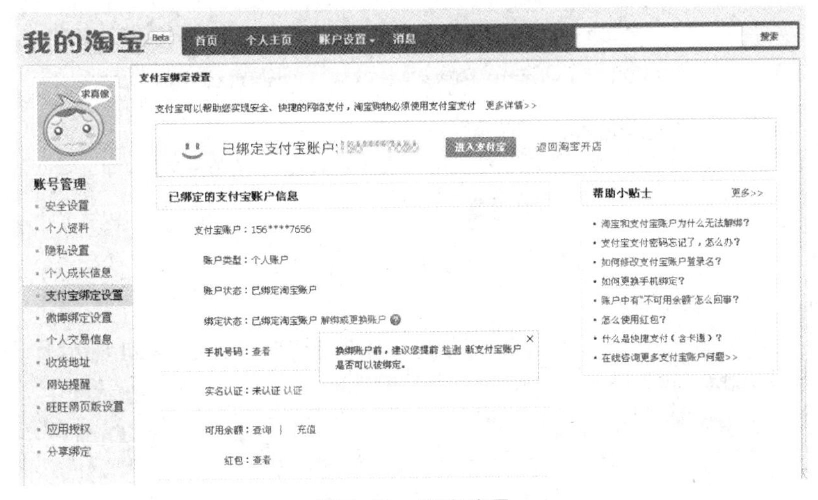


图7-18　淘宝账号

第三步：支付宝实名认证。

（1）在“支付宝绑定设置”页面中，单击实名认证旁边的“认证”链接，弹出“支付宝实名认证”页面（如图7-19所示）。

图7-19　支付宝实名认证

（2）单击“上传证件”按钮，在新页面中完成个人身份证件信息的上传工作，完成实名认证信息提交（如图7-20所示）。

图7-20　个人身份证件信息上传

第四步：淘宝开店认证。

（1）在淘宝网首页中，单击页面上方的“免费开店”（如图7-21所示）。

图7-21　“单击”免费开店

（2）进入“新商家开店”页面，单击“个人店铺入驻”按钮（如图7-22所示）。

图7-22　个人店铺入驻

（3）进入“申请开店认证”页面，此处需要填写申请开店认证的各项条件信息（如图7-23所示）。

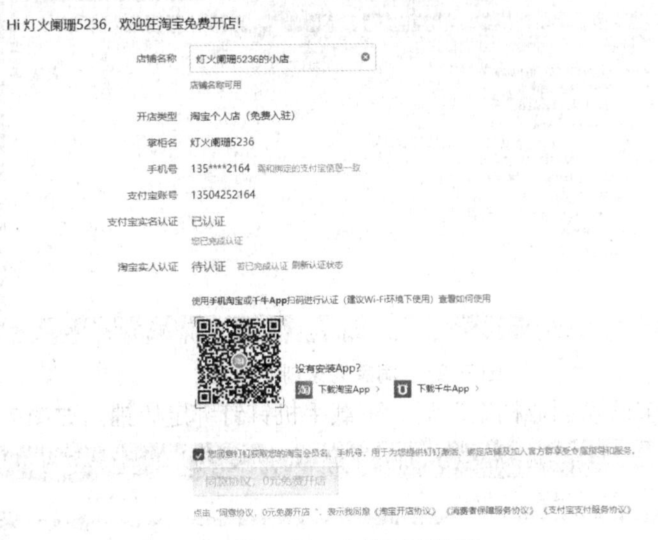


图7-23　申请开店认证

（4）使用手机淘宝或者千牛App扫描二维码后，开启实人认证。（如图7-24所示）。

图7-24　淘宝实人认证

（5）实人认证通过后，需要卖家填写“淘宝商家创业档案”，如图7-25所示。

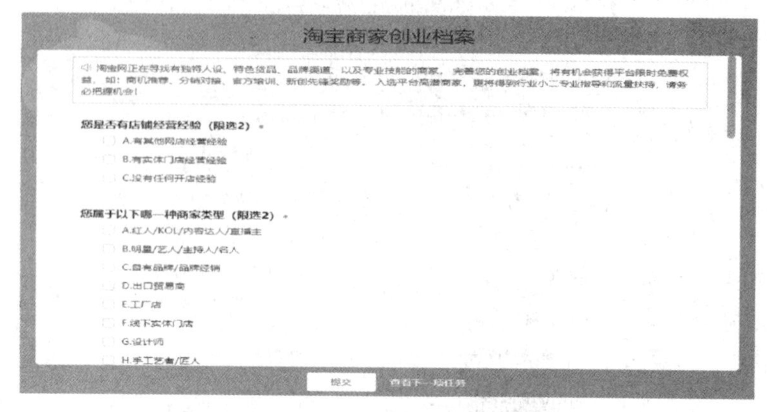


图7-25　淘宝商家创业档案

（6）提交“淘宝商家创业档案”后，下载手机钉钉绑定店铺。如图7-26所示。

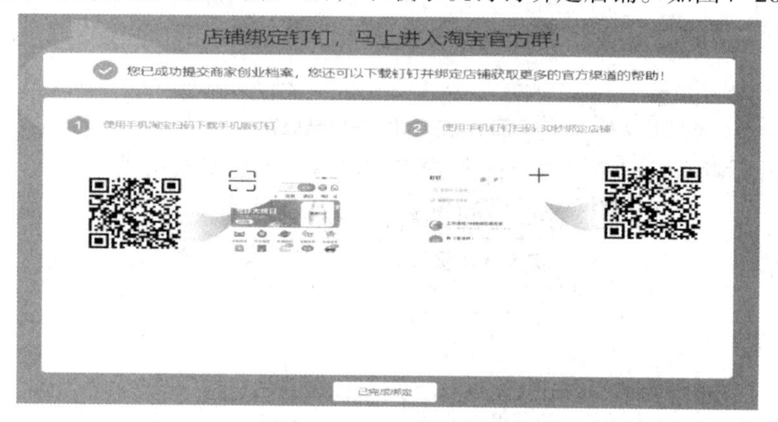


图7-26　店铺绑定钉钉

（7）店铺绑定钉钉后，店铺已经开好，可以发布商品了。如图7-27所示。

图7-27　完成开店

第五步：查看卖家工作台

进入卖家中心，可以查看卖家店铺目前的管理信息，如图7-28所示。

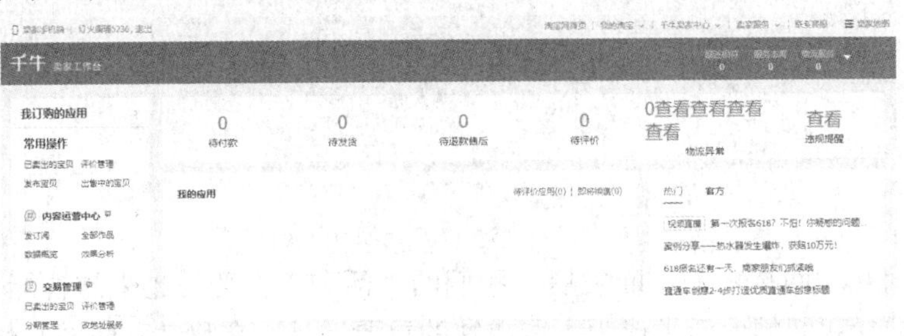


图7-28　查看卖家工作台

## 本章课后习题

一、单项选择题

1.以下不属于第三方支付方式的是（　　）。

A．支付宝　　B．网银　　C．快钱　　D．易宝支付

2.以下（　　）不是网上购物的网站。

A．优酷网　　B．当当网　　C．淘宝网　　D．京东商城

3.（　　）是一款专用于淘宝网站的在线聊天工具，它方便买家和卖家在交易过程实时进行沟通。

A．QQ　　B．MSN　　C．Skype　　D．阿里旺旺

4.网上注册个人淘宝卖家账户说法错误的是（　　）。

A.需要提供个人身份证　　B.需要有支付宝账户

C.需要有担保人　　D.需要消费者保证金

5.以下不属于淘宝网购物流程的是（　　）。

A.选购商品，确认购买　　B.变更价格

C.付款卖家账户　　D.直接联系银行

二、操作题

1．注册淘宝账户，在淘宝上选择几款喜欢的帽子，放入购物车中。

2．尝试注册淘宝个人卖家账号。

# 第8章　移动互联网应用

随着移动互联网技术的不断发展，我们的生活和工作变得越来越智能化和便捷化，各类移动终端在我们的生活中成为不可或缺的重要工具。在移动互联网时代，智能手机的大范围普及应用使得互联网思维渗透到了我们生活中的方方面面。

## 8.1　手机助手

手机助手是智能手机的同步管理工具，包括PC端手机助手和手机端助手。PC端手机助手可以方便地通过计算机管理手机，可以安全便捷地下载安装自己喜欢的应用程序，实现全能的手机资料管理，随时备份或还原手机里面的重要数据。手机端助手可以给用户提供海量的游戏、软件、音乐、小说、视频、图片，通过手机助手软件可以轻松下载、安装、管理手机资源。

### 8.1.1　手机助手相关产品

**1.PC端手机助手的主要产品**

常见的PC端手机助手的主要产品包括：91手机助手、XY苹果助手、百度手机助手、豌豆荚、搜狗手机助手、迅雷手机助手、360手机助手。

**2.手机端助手的主要产品**

常见的手机端助手的主要产品包括：百度手机助手、XY苹果助手、腾讯手机管家、91手机助手、应用宝、豌豆荚。

### 8.1.2　手机助手的应用优势

**1.海量应用软件**

应用软件下载范围广，包括各种应用、游戏、音乐、视频、壁纸等。手机助手优先使用官方App，确保用户的利益并附有专业App行为分析，拒绝恶意广告，确保应用软件的纯净、安全。

**2. 确保手机安全**

应用软件全面查杀手机病毒、木马，防止恶意扣费漏洞，它具备恶意广告应用安全提醒功能，让用户不再为山寨应用软件而烦恼。

**3. 内置实用工具**

内置实用工具能够方便地管理手机资源，设置来电铃声、壁纸，提供手机截图功能。

**4. 零流量功能**

（1）自动更新。手机连接电脑后将自动更新手机中的应用，免流量、更方便。

（2）内容分享。方便地将手机中的照片、音乐、软件、文档发送给身边好友，极速体验、免费安全。

**5. 一键备份**

一键备份应用、短信、联系人信息，系统还原方便、快捷。

### 8.1.3　PC端手机助手的常见应用

**1. 91手机助手PC版**

91手机助手PC版是针对iOS、Android平台的智能手机PC端管理工具。91助手支持USB（数据线）的连接、wifi无线连接以及多设备同时接入。用户可以使用该软件实现对手机上的基础资料（如联系人、短信、通话记录、文件、程序、图片、音乐、视频、电子书、进程、壁纸、铃声等）的管理。同时，用户还可以通过资源开放平台，下载最新、最热门的游戏、应用、音乐、铃声、图片、壁纸、电影、视频、电子书、手机主题等。登录91助手网址（http：//zs.91.com），进入91手机助手PC端下载界面（如图8-1所示），下载应用程序后安装。

图8-1　91手机助手PC端下载界面

#### 2. 360手机助手

登录360手机助手网址（http：//sj.360.cn），选择手机版下载（如图8-2所示），下载相关的应用程序后安装。

图8-2　360手机助手下载界面

#### 3. 豌豆荚

豌豆荚全称为“豌豆荚手机精灵”。通过数据线把Android系统手机与电脑连接上后，可使用豌豆荚在电脑上管理手机中的联系人、短信、应用程序软件和音乐等，也能在电脑上备份手机中的资料。此外，通过豌豆荚可直接一键下载优酷网、土豆网、新浪视频等主流视频网站的视频到手机中，本地和网络视频自动转码，只要下载进手机里就能观看（如图8-3所示）。

图8-3　豌豆荚网站界面

### 8.1.4　手机端助手的常见应用

下面以360手机助手为例来介绍手机端助手的应用。360手机助手是360推出的手机助手，能够帮助用户下载和管理各类应用。，所有信息资源全部经过360安全检测中心的审核认证，绿色无毒，安全无忧，应用步骤如下：

（1）使用手机浏览器搜索360手机助手，下载、安装后打开应用（如图8-4至图8-8所示）。

图8-4　使用手机浏览器搜索界面

图8-5　搜索到应用程序界面

图8-6　下载应用程序界面

图8-7　安装应用程序

（2）在程序上方搜索框中输入App名称（如学堂在线），在搜索结果页面单击“下载”（如图8-9所示），即可在手机端安装学堂教育App软件。

图8-8　运行程序界面

图8-9　搜索结果页面

（3）在主界面下方单击“软件”标签，可以根据分类、排行、首发、星应用、小程序选项，下载自己需要的手机端应用软件（如图8-10所示）。

图8-10 “软件”界面

（4）在主界面下方单击“管理”标签，可以对手机应用软件进行升级、卸载、下载管理以及垃圾清理等操作。（如图8-11所示）。

图8-11 “管理”界面

# 8.2 使用微信沟通交流

微信是腾讯公司于2011年1月21日推出的一个为智能终端提供即时通信服务的免费应用程序（也即移动即时通信软件）。微信支持跨通信运营商、跨系统平台操作，通过网络快速发送免费（需消耗少量网络流量）语音短信、视频、图片和文字；同时，微信提供公众平台、朋友圈、消息推送等功能，用户可以通过“摇一摇”“搜索号码”“附近的人”以及扫二维码等方式添加好友和关注公众平台，微信还可以将自己看到的精彩内容分享到微信朋友圈。截至2018年3月，微信注册用户量已经突破10.4亿，成为亚洲地区拥有最大用户群体的移动即时通信软件。

## 8.2.1 微信账号注册

微信推荐使用手机号注册，支持100余个国家的手机号。第一次使用微信会要求设置微信号和昵称。微信号是用户在微信中的唯一识别号，必须大于或等于六位，注册成功后允许修改1次；昵称是微信号的别名，允许多次更改。

下面以Android系统手机为例介绍微信注册过程，操作步骤如下：

（1）下载微信应用软件并安装到手机上（如图8-12至图8-14所示）。

图8-12 选择微信软件进行下载界面

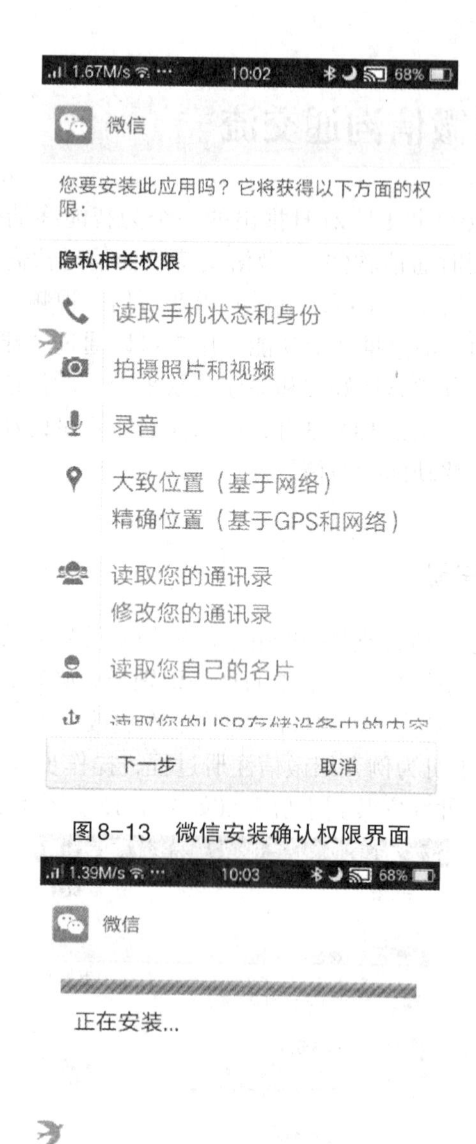


图8-13　微信安装确认权限界面



图8-14　微信软件安装界面

（2）注册微信号（如图8-15、图8-16所示）。

图8-15 微信软件运行界面

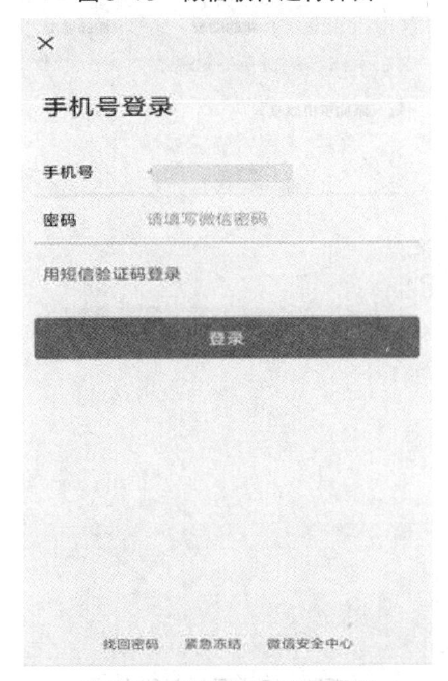


图8-16 微信账号登录界面

（3）登录微信进行沟通交流（如图8-17、图8-18所示）。

图8-17　登录后微信信息界面

图8-18　添加新朋友

### 8.2.2　微信密码找回

**1.通过手机号找回**

用手机注册或已绑定手机号的微信账号，可用手机找回密码。在微信软件登录页面，输入注册的手机号码，单击“用短信验证码登录”链接，在下一界面单击“获取验证码”按钮，系统会发送1条短信验证码至手机，输入验证码，即可重新登录微信。

**2.通过邮箱找回**

通过邮箱注册或绑定邮箱，并已验证邮箱的微信账号，可用邮箱找回密码。在微信软件登录页面选择“找回密码”→“已绑定的邮箱”，填写绑定的邮箱地址，系统会发送重设密码邮件至注册邮箱，单击邮件的网页链接地址，根据提示重设密码即可。

**3.通过绑定的QQ号找回**

微信账号已经绑定QQ号的，可以单击登录页面右下方的“更多”链接，在展开的菜单中单击“登录其他帐号”，在弹出的新的登录界面中选择“用微信号/QQ号/邮箱登录”，在下一级页面中输入QQ号码和密码也可登录微信重设密码。

### 8.2.3　微信二维码操作

有了微信二维码就可以通过扫描微信二维码添加好友。

**1.微信二维码登录**

在Windows版微信中，不再使用传统的用户名、密码登录，而是采用手机扫描二维码登录的方式，可以实现和好友聊天，传输文件等功能，但不支持查看“附近的人”以及“摇一摇”等功能。

**2.微信二维码扫描**

针对所有微信用户，用手机扫描即可添加好友。

### 8.2.4　企业邮箱绑定

企业邮箱绑定方法可以参照如下步骤进行设置：

（1）企业成员登录邮箱后，选择“设置”→“邮箱绑定”，单击“绑定微信”。

（2）页面会显示一个二维码，此时打开微信，使用“扫一扫”功能扫描此二维码。

（3）扫描成功后，微信会提示“确认绑定企业邮箱？”，单击“确认”按钮完成绑定。

### 8.2.5 保护微信安全

在微信Android版中，如果用户安装了腾讯手机管家8.12版本，就可在微信端启用手机安全防护功能，可让微信以及其他手机应用避免恶意软件和病毒的侵扰，降低被盗号风险，提高安全性。

微信之所以推荐腾讯手机管家，主要因为Android平台的开放性存在安全隐患。腾讯手机管家8.12版本支持微信账号独家保护，实现了手机安全防护的体验闭环，体现了腾讯公司对手机安全的重视。截至目前，腾讯手机管家用户数已经超过3.5亿，小火箭加速、秘拍等多项创新功能引领行业潮流。

### 8.2.6 如何发红包

通过微信聊天，可以给一个好友或者聊天群的成员们派发微信红包，具体操作步骤如下：

（1）如果是一对一的聊天窗口，那么可以在右侧选择“+”→“红包”命令，弹出发红包窗口，然后输入“单个金额”和“留言”，选择“塞钱进红包”命令即可。这是普通红包的发送方式，一个红包只能对方好友一个人领取。

（2）如果是聊天群的环境，那么可以在窗口的右侧选择“+”→“红包”命令，弹出发红包窗口，这时跟上述一对一环境略有不同，可以输入红包的“总金额”、“红包个数”（将一个红包分成若干份，允许群内好友随机抢红包）和“留言”，最后选择“塞钱进红包”命令即可。

## 8.3 使用微信进行支付

微信支付是集成在微信客户端的支付功能，用户可以通过手机快速地完成支付流程。微信支付向用户提供安全、快捷、高效的服务，以绑定银行卡的快捷支付为基础。微信支付所支持的场合：微信公众平台支付、App（第三方应用商城）支付、二维码扫描支付。

### 8.3.1 微信支付规则

（1）绑定银行卡时，需要验证持卡人本人的实名信息，即姓名、身份证号等信息。

（2）1个微信号只能绑定一个实名信息，绑定后实名信息不能更改，解除银行卡后不删除实名绑定关系。

（3）同一身份证号码只能注册最多10个（包含10个）微信支付。

（4）1张银行卡（含信用卡）最多可绑定3个微信号。

（5）1个微信号最多可绑定10张银行卡（含信用卡）。

（6）1个微信账号中的支付密码只能设置1个。

（7）银行卡无须开通网银（中国银行、工商银行除外），只要在银行预留有手机号码，即可绑定微信支付。

一旦绑定成功，该微信号将无法绑定其他姓名的银行卡（含信用卡），请谨慎操作。

### 8.3.2　微信支付演示

微信支付操作步骤如下：进入微信，选择“我”→“支付”→“钱包”→“银行卡”命令，添加银行卡，填写银行卡信息，输入验证码。添加银行卡后即可使用微信支付功能。

银行卡解除绑定时，需输入支付密码以验证身份。解除绑定后，可重新绑定（如图8-19、图8-20所示）。

图8-19　银行卡解除绑定

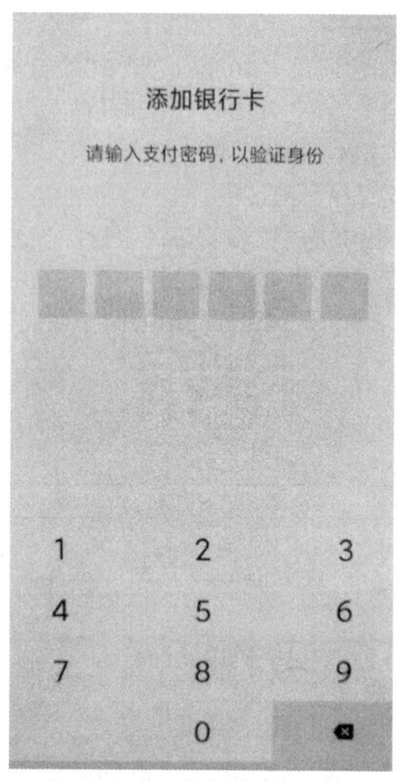


图8-20　输入支付密码

## 8.4　移动导航

随着互联网和移动终端的发展，人们经常在旅游等过程中利用移动终端进行定位和导航操作。定位和导航是指利用互联网和卫星以及终端设备把所处的位置标记出来，包括坐标以及线路，也可以将所处位置周围的建筑物以及道路标识出来。目前常用的导航软件有高德地图、百度地图、腾讯地图等，下面以百度地图为例介绍移动终端的定位与导航操作方法。

### 8.4.1　当前位置定位

在移动网络或Wifi环境下，打开百度地图App软件后，单击主界面左下方的准心图标（如图所示8-21所示）即可快速定位到你当前位置，并且会将位置信息在界面下方展示出来（如图8-22所示）；你还可以再次点击刚才的准心图标（指针状态），可以切换为立体图。

图8-21　百度地图主界面

图8-22　显示定位信息界面

在显示当前定位信息界面，用户可以通过单击“分享”按钮将自己的位置分享给朋友，以方便朋友快速找到你的位置或者单击“线路”按钮，搜索从当前位置到终点位置的电子地图。

## 8.4.2　目的地查找

（1）在主界面上方的搜索文本框中输入要查找的地址（如图8-23所示），单击“搜索”按钮，与关键字有关的所有地址信息就会显示出来（如图8-24所示）。

图8-23 查询目的地

图8-24 查询结果

（2）选择合适的目的地，单击地址后面的“到这里”，即可显示用户所在位置到目的地的电子地图（如图8-25所示）。

图8-25 目的地电子地图

### 8.4.3 线路导航

线路导航需要确定起点和终点。一般情况下，用户以当前位置作为起点，以目的地为终点，进行线路导航。例如，以当前位置作为起点，导航到星海广场，具体操作步骤如下：

（1）通过目的地查找获得起点为当前位置，终点为“星海广场”的电子地图，软件可以根据出行条件（打车、驾车、步行、骑行等）和路上拥堵情况合理规划出行线路（如图8-26所示），给出合理的出行方案。

图8-26 确认起点终点界面

（2）确定了起始和终点位置并选择好出行条件和路线后，单击“开始导航”按钮系统开启实时导航模式。该窗口用红色直线显示了起点到目的地的方向和直线距离。在页面下方显示了路线的实际距离和路线行驶时间并根据路线情况进行实时的语音播报（如图8-27所示）。

图8-27 导航界面

（3）单击导航界面下方的黑色区域，可以展开导航菜单（如图8-28所示），对导航线路、导航显示、导航语音等内容进行重新设置。

图8-28 导航菜单

## 8.4.4　离线地图和导航包下载

为了节省流量，以方便没有网络的情况下也能看地图、查线路和实现导航，可以提前将需要的国内外城市数据包下载。在百度地图App软件中，用户可以在“个人中心”—“常用功能”中的“离线地图”和“离线导航包”中下载离线数据包。离线地图的下载和管理与离线导航包的操作方法相似，下面以“大连市”离线地图下载为例，介绍具体的操作方法：

（1）下载离线地图

在百度地图App首页单击界面左上角头像进入“个人中心”，在个人中心界面的常用功能中，单击“离线地图”（如图8-29所示）。

图8-29　个人中心界面

（2）在打开的离线下载界面中，单击“离线地图”选项（如图8-30所示）。

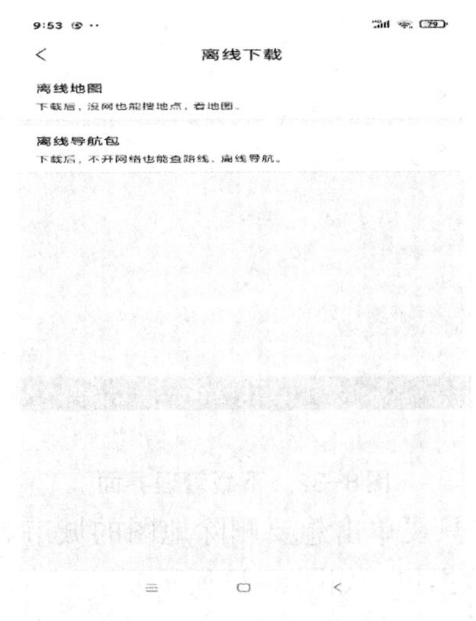


图8-30　离线下载界面

（3）选择“城市列表”选项卡。单击大连市后面的下载按钮，系统自动进行下载（如图8-31所示）。同时系统还会为用户下载全国基础包，注意：基础包是离线地图的必备数据包，不能删除。

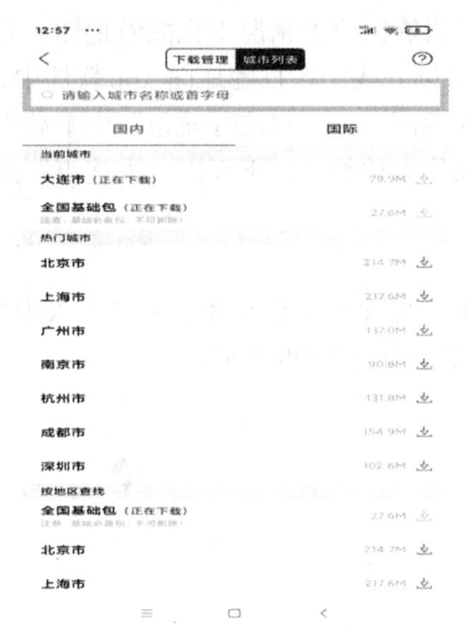


图8-31 城市列表

（4）单击“下载管理”选项卡，用户可以查看地图下载情况（如图8-32所示）。可以选择“WiFi下自动更新”选项。

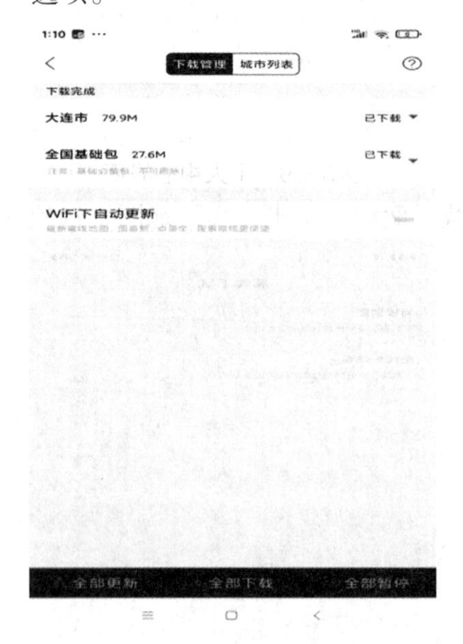


图8-32 下载管理界面

在下载管理界面，用户只要单击想要删除地图的城市名称，在展开的菜单中选择“删除”命令即可删除现有数据包（如图8-33所示）。

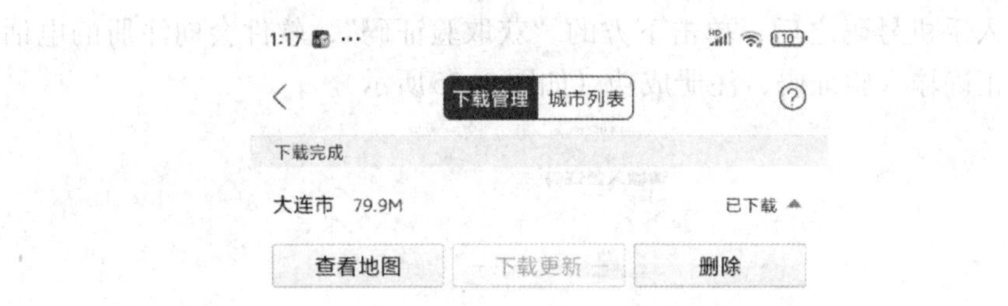


图8-33　删除数据包

（5）当下载完数据后，我们可以在无网络的状态下使用软件看地图。

## 8.5　网约车

出租车主要分为巡游出租汽车和网络预约出租汽车。其中，巡游出租汽车喷涂安装专门的出租汽车标识，网约车即网络预约出租汽车的简称。网约车有很多种方式：快车、出租车、专车、顺风车、代驾、自驾租车等等，每种约车方式都有其特点和针对性。网约车专用的平台也有很多，常见的有：快的打车、首汽约车、e代驾等等，同时还有很多其它的应用软件也具有网络约车功能，比如：高德地图、支付宝、微信等等，我们可以根据自己的情况进行选择。

### 8.5.1　申请网约车账号

（1）在手机中安装“高德地图”APP，然后需要在“高德地图”中注册账号，一般“高德地图”会要求用户用手机号来注册，这样可以方便司机与用户之间进行联系（如图8-34所示）。

图8-34　输入手机号码注册

（2）输入手机号码之后，单击下方的“获取验证码”，软件会向注册的电话号码发送验证码，正确输入验证码，注册成功（如图8-35所示）。

图8-35　输入验证码

## 8.5.2　约车

（1）打开“高德地图”，在首页单击“打车”选项，如果是马上就要出行，可以在下方“你要去哪儿”文本框中输入终点地址；如果是稍后的某个时间出行，就选择下方“预约”选项。“高德地图”默认会自动应用手机中的GPS定位系统对当前位置进行定位，并且作为约车的起点，可以在下方绿点处看到当前位置，如果位置不准确可以在上方地图中手动定位，也可以单击绿点后面的“>”符号，在下一页面手动输入起点位置。（如图8-36所示）。

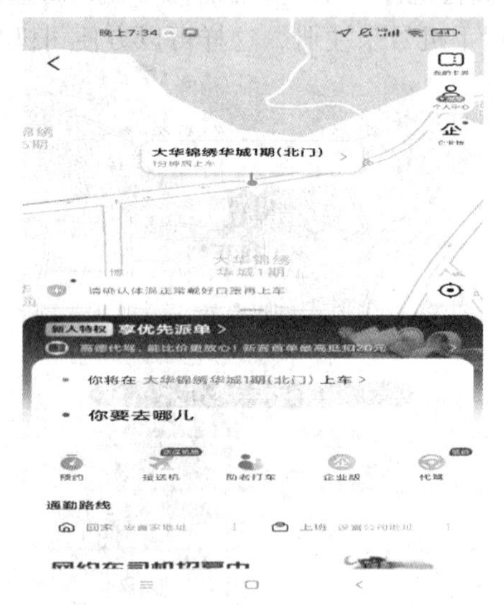


图8-36　滴滴出行首页

（2）确定好行程后，软件自动进入“确认呼叫”页面。这时会有多种价位车型选择，如经济型、优享型、品质专车、出租车以及六座商务车等，用户可以根据自己的需要选择合适的某一车型或者多种车型同时打车。单击“立即打车”按钮，即可“确认呼

图8-37　重新确定起点位置

叫”（如图8-37所示）。

图8-38　“确认呼叫”页面

（3）“确认呼叫”之后，距离最近的网约车司机就会跟我们联系，确认信息，然后就可以等待出发了（如图8-38所示）。

（4）当乘上了网约车以后，通过“高德地图”还可以了解当前行程的信息（如图8-39所示）。

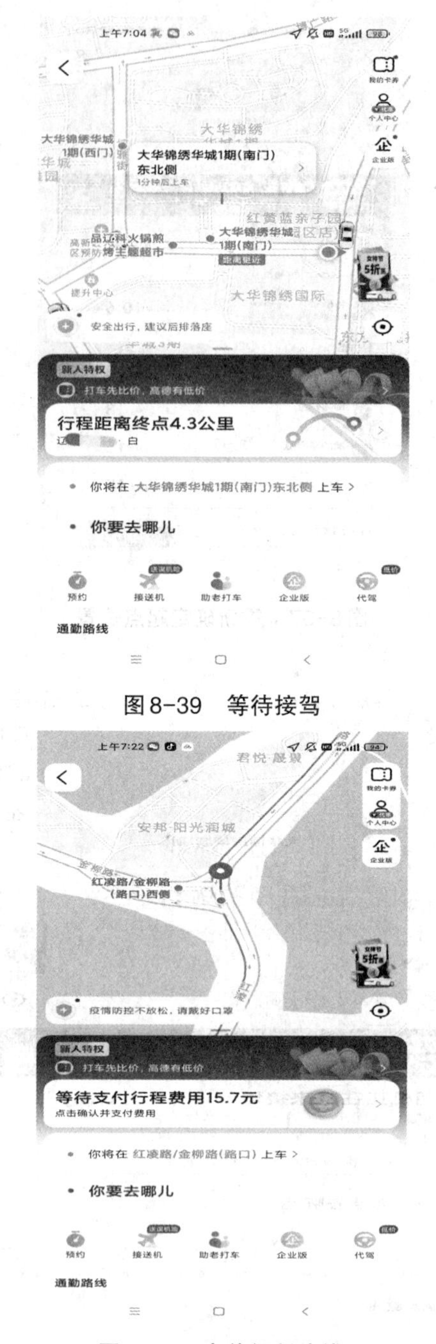


图8-39 等待接驾

图8-40 当前行程路线

## 8.5.3 支付车费

当司机确认到达目的地后，”高德地图”App会显示进入“等待支付”界面（如图8-40所示），单击“确认并支付费用””按钮，即可进入确认支付界面（如图8-41所示）选择一种合适的支付方式并付款即可完成支付车费，还可以开通小额免密支付，实现自动扣费，安全又便捷。支付成功后，可以通过个人账户界面的订单选项查看已经发生的订单情况（图8-42所示）。

图8-41　选择支付方式

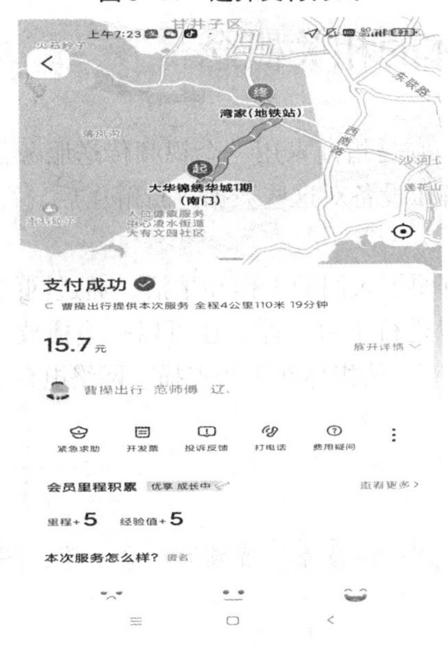


图8-42　行程结束信息

## 8.5.4　评价

在支付完成后，可以对这次的网约车进行评价，“评价”对司机师傅和以后约车的乘客来说都是很重要的，所以我们要认真完成评价。评价是匿名的，这样可以使乘客给出真实的感受（如图8-43所示）。

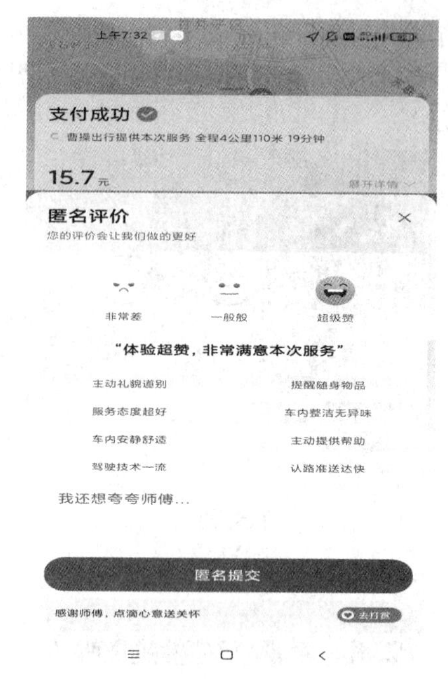


图 8-43 评价结果

## 8.6 流媒体的相关概念

流媒体又叫流式媒体，它是指商家用一个视频传送服务器把节目当成数据包发出，传送到网络上。用户通过解压设备对这些数据进行解压后，视频就会像发送前那样显示出来。

流媒体的出现极大地方便了人们的工作和生活，通过网络可以找到想要学习的在线课程，只要单击播放就可以进行学习，课程还可以一边播放一边下载，虽然远在天涯，却如亲临现场。除了远程教育，流媒体在视频点播、网络电台等方面也有着广泛的应用。

### 8.6.1 流媒体格式

流媒体可以分为如下类型：声音流、视频流、文本流、图像流、动画流。主要的流媒体格式如下：

（1）RA：实时声音。

（2）RM：实时视频或音频的实时媒体。

（3）SWF：Macromedia的Real Flash 和Shockwave Flash动画文件。

（4）RPM：HTML文件的插件。

（5）RAM：流媒体的源文件，是包含RA、RM、SMIL文件地址（URL地址）的文本文件。

（6）CSF：一种类似媒体容器的文件格式，可以将非常多的媒体格式包含在其中，而不仅仅限于音频和视频。它可以把PPT和教师讲课的视频完美地结合，很多大学和大型企业就使用这种软件进行录像教学和远程教育。

## 8.6.2　国内主流视听网站

### 1.优酷网

优酷网（https：//www.youku.com）是中国领先的视频分享网站（如图8–44所示）。优酷网以“快者为王”为产品理念，注重用户体验，不断完善服务策略，其卓尔不群的“快速播放，快速发布，快速搜索”的产品特性，充分满足了用户日益增长的多元化互动需求，使之成为中国视频网站中的领头羊。

图8–44　优酷网首页界面

手机优酷是优酷网开发的面向智能手机用户的应用软件，完全免费，不需要缴纳任何费用。它具有丰富的内容推荐、流畅的播放体验、快速全面的搜索、独特的即拍即传等特点，可以让用户随时随地享受视频带来的乐趣。用户可以通过Android市场或AppStore方式下载手机优酷。

### 2.中国网络电视台

中国网络电视台（https：//tv.cntv.com/）是由央视国际网络有限公司主办，中央电视台旗下的国家网络广播电视播出机构，于2009年12月28日正式开播。中国网络电视台全面部署多终端业务架构，已建设网络电视、IP电视、手机电视、移动电视、互联网电视五大集成播控平台，通过部署在全球的镜像站点，已覆盖全球190多个国家及地区的互联网用户，并推出了英、西、法、俄、韩、阿拉伯6个外语频道以及蒙、藏、维、哈、朝5种少数民族语言频道，建立了拥有全媒体、全覆盖传播体系的网络视听公共服务平台。

中国网络电视台以“参与式电视体验”为产品理念，在对传统电视节目资源再生产、再加工以及碎片化处理的同时，着力打造网络原创品牌节目，鼓励网友原创和分享；注重用户的体验，不断完善服务体系，让网友在轻松体验高品质视听服务的同时，更多地参与到网络互动中来。中国网络电视台首期上线的内容包括首页、客户端、新闻台、体育台、综艺台、爱西柚（播客台）及爱布谷（搜视台）。从2010年开始，中国网络电视台还陆续上线了包括电影、电视剧、纪录片、财经、探索、健康、气象、家居、旅游、教育、民族、音乐等系列内容服务。中国网络电视台首页如图8-45所示。

图8-45 CNTV首页界面

### 3. 搜狐视频

搜狐视频（http：//tv.sohu.com）（如图8-46所示）是中国第一家以正版高清长视频为显著优势的综合视频网站，2008年年底在国内首家推出100%正版高清电影、电视剧、综艺节目、纪录片、音乐等高清优质系列视频频道，由此迅速成为中国最有竞争力和影响力的综合视频平台之一，同时其旗下亦涵盖了电视直播、视频新闻、电视栏目库以及网友上传播客等传统视频业务。

图8-46 搜狐视频首页界面

#### 4.酷我音乐

酷我音乐（http：//www.kuwo.cn）（如图8-47所示）是中国又新、又全的在线正版音乐网站。酷我音乐网提供免费在线音乐试听、高音质正版音乐下载和视频播放等服务。

图8-47　酷我音乐网首页界面

### 8.6.3　主流客户端工具

视频文件有多种类型，能够支持各种格式的播放器客户端有众多品牌，用户可以到相应的官方网站或合作授权网站下载应用程序。

以下介绍几种当前流行的客户端工具。

#### 1.暴风影音

暴风影音软件由北京暴风网际科技有限公司出品，该公司从2003年开始就致力于为互联网用户提供最简单、便捷的互联网音视频播放解决方案。截至2012年年底，暴风影音的工程师分析了数以十万计的视频文件，掌握了超过500种视频格式的支持方案。暴风影音提供了对绝大多数影音文件的支持，包括Real Media、QuickTime、MPEG-4、MPEG-2、XVD、Indeo、MPC、FLC等，它还支持HTTP、MMS等网络传输协议，支持多音轨、多字幕的媒体文件（可以是AVI、MKV、MP4等）。配合Windows Media Player最新版本，暴风影音可完成当前大多数流行影音文件、流媒体、影碟的播放。

### 2.射手影音

射手影音是由射手网创建与维护的开源播放器项目，其内核基于MPC、MPC-HC和ffmpeg，加入了更多真正符合中国用户习惯的功能，旨在改进数字影视观赏体验，建立和维护一个真正属于中文用户的开源播放器。射手影音播放器的特点有：双字幕显示，同时显示中英双语，有利于共同学习提高；被分割为多段的视频，可以直接使用未分割的字幕来播放智能识别简体或繁体字幕；告别乱码，也不用再手动转码；自动减小英文字码，双语字幕更加美观优雅。

### 3.央视影音

央视影音（也称CBox）作为中国较大的网络电视直播客户端，在线提供140多套电视台高清同步直播，1 300多套点播栏目。CBox涵盖CCTV及卫视电视台直播、栏目点播、节目预告、体育直播、影视、动漫等。用户可免费下载安装CBox，在线享受高清体验。CBox包括PC客户端和移动客户端。

### 4.PPTV网络电视

PPTV网络电视是由上海聚力传媒技术有限公司开发运营的在线视频软件。作为全球领先、规模较大、拥有巨大影响力的视频媒体，它全面聚合和精编影视、体育、娱乐、资讯等各种热点视频内容，并以视频直播和专业制作为特色，基于互联网视频云平台PPCloud，通过包括PC网页端和客户端、手机和PAD移动终端，以及与牌照方合作的互联网电视和机顶盒等多终端向用户提供新鲜、及时、高清和互动的网络电视媒体服务。

### 5.酷狗音乐

酷狗音乐是一款融歌曲和MV搜索、在线播放、同步歌词为一体的音乐聚合播放器，是国内的多种音乐资源聚合的播放软件，具有全、快、炫三大特点。其功能包含一键即播、海量的歌词库支持、图片欣赏、同步歌词等。酷狗音乐具有Android和iOS两种版本的手机客户端软件。

## 本章课后习题

一、单项选择题

1.以下不属于手机程序安装管理软件的是（　　）。

A.豌豆荚　　B.91助手　　C.应用宝　　D.微信

2.以下找回微信密码错误的方式是（　　）。

A.通过手机号找回　　B.通过邮箱找回

C.通过好友找回密码　　D.通过绑定QQ号找回

3. 以下不属于流媒体类型的是（　　）。

A. 声音流　　B. 视频流　　C. 图像流　　D. 采集流

4. 网约车平台不可以租到的用车服务是（　　）。

A. 豪华拼车　　B. 快车　　C. 顺风车　　D. 出租车

5. 以下关于网约车付费说法错误的是（　　）。

A. 可以自动扣费　　B. 可以手动扣费

C. 可以微信缴费　　D. 以上都不对

二、操作题

1. 利用微信给朋友发送红包。

2. 下载一款自己感兴趣的视听娱乐软件（如央视影音）到手机端，观看相关节目。

3. 下载一款手机助手产品，安装到手机端和PC端，将PC端的文件导入手机中；利用手机端助手整理手机文件到PC端。

# 第9章　云技术和物联网

随着互联网和IT行业的快速发展，各种新技术不断涌现和提高，云技术就是其中之一，它具有超大规模、虚拟化，高可靠性、通用性和高可伸缩性等特点，并具有按需服务以及价格低廉等实用性。而物联网作为互联网的进一步发展，有着更复杂的使用场景和应用需求，更加需要云技术作为基础框架和服务来支撑巨量数据的传输、分析、管理和应用等。所以，云技术不是因为物联网而产生的，但是云技术必将应用于物联网并且发挥非常重要的作用。

## 9.1　云技术

### 9.1.1　云技术的概念

云计算是分布式计算技术的一种，其最基本的概念，是通过网络将庞大的计算处理程序自动分拆成无数个较小的子程序，再交由多部服务器所组成的庞大系统经搜寻、计算分析之后将处理结果回传给用户。通过这项技术，网络服务提供者可以在数秒之内，处理数以千万计甚至亿计的信息，达到和“超级计算机”同样强大效能的网络服务。伴随着互联网行业的高度发展和应用，将来每个物品都有可能存在自己的识别标志，都需要传输到后台系统进行逻辑处理，不同程度级别的数据将会分开处理，各类行业数据皆需要强大的系统后盾支撑，只能通过云计算来实现。

### 9.1.2　云技术的应用

**1.物联网应用**

云计算和物联网之间的关系可以用一个形象的比喻来说明：“物联网”是“互联网"中的神经系统的雏形，“物联网”是“互联网”正在出现的末梢神经系统的萌芽，“物联网就是物物相连的互联网”。这有两层意思：第一，物联网的核心和基础仍然是互联网，是在互联网基础上的延伸和扩展的网络；第二，其用户端延伸和扩展到了任何物品与物品之间，进行信息交换和通信。

### 2. 云安全

云安全是一个从“云计算”演变而来的新名词。云安全的策略构想是：使用者越多，每个使用者就越安全，因为如此庞大的用户群，足以覆盖互联网的每个角落，只要某个网站被挂木马或某个新木马病毒出现，就会立刻被截获。“云安全”通过网状的大量客户端对网络中软件行为的异常监测，获取互联网中木马、恶意程序的最新信息，推送到Server端进行自动分析和处理，再把病毒和木马的解决方案分发到每一个客户端。

### 3. 云存储应用

云存储是在云计算概念上延伸和发展出来的一个新的概念，是指通过集群应用、网格技术或分布式文件系统等功能，将网络中大量各种不同类型的存储设备通过应用软件集合起来协同工作，共同对外提供数据存储和业务访问功能的一个系统。当云计算系统运算和处理的核心是大量数据的存储和管理时，云计算系统中就需要配置大量的存储设备，那么云计算系统就转变成为一个云存储系统，所以云存储是一个以数据存储和管理为核心的云计算系统。

### 4. 云呼叫应用

云呼叫中心是基于云计算技术而搭建的呼叫中心系统，企业无须购买任何软、硬件系统，只需具备人员、场地等基本条件，就可以快速拥有属于自己的呼叫中心、软硬件平台、通信资源等，日常维护与服务由服务器商提供；具有建设周期短、投入少、风险低、部署灵活、系统容量伸缩性强、运营维护成本低等众多特点。

### 5. 私有云应用

私有云计算包含云硬件、云平台、云服务三个层次。不同的是，云硬件是用户自己的个人电脑或服务器，而非云计算厂商的数据中心。云计算厂商构建数据中心的目的是为千百万用户提供公共云服务，因此需要拥有几十或上百万台服务器。私有云计算，对个人来说只服务于亲朋好友，对企业来说只服务于本企业员工以及本企业的客户和供应商，因此个人或企业自己的个人电脑或服务器已经足够用来提供云服务。

### 6. 云游戏应用

云游戏是以云计算为基础的游戏方式，在云游戏的运行模式下，所有游戏都在服务器端运行，并将渲染完毕后的游戏画面压缩后通过网络传送给用户。在客户端，用户的游戏设备不需要任何高端处理器和显卡，只需要基本的视频解压能力就可以了。几年后或十几年后，云计算将成为网络发展的终极方向的可能性非常大。如果这种构想能够成为现实，那么主机厂商将变成网络运营商，他们不需要不断投入巨额的新主机研发费用，而只需要拿这笔钱中的很小一部分去升级自己的服务器就行了。对于用户来说，他们可以省下购买主机的开支，但是得到的是顶尖的游戏画面，当然对于视频输出方面的硬件必须过硬。

### 7. 云教育应用

视频云计算可以应用在教育行业，流媒体平台采用分布式架构部署，分为Web服务器、数据库服务器、直播服务器和流媒体服务器。如有必要，可在信息中心架设采集工作站，搭建网络电视或实况直播应用，这样录播实况可以实时传送到流媒体平台管理中心的全局直播服务器上，同时录播也可以上传存储到信息中心的流存储服务器上，方便今后的检索、点播、评估等各种应用。

### 8. 云会议应用

云会议是基于云计算技术的一种高效、便捷、低成本的会议形式。使用者只需要通过互联网界面，进行简单的操作，便可快速高效地与全球各地团队及客户同步分享语音、数据文件及视频，而会议中数据的传输、处理等复杂技术由云会议服务商帮助使用者进行操作。

### 9. 云社交应用

云社交是一种物联网、云计算和移动互联网交互应用的虚拟社交应用模式，以建立著名的“资源分享关系图谱”为目的，进而开展网络社交。云社交的主要特征，就是把大量的社会资源统一整合和评测，构成一个资源有效地向用户按需提供服务。参与分享的用户越多，能够创造的价值就越大。

## 9.2 云技术应用

伙伴云表格是伙伴智慧推出的针对多人数据协作的工具，它可以快速实现Excel数据文件的云端化，1分钟平移工作场景，让多人数据协作变得轻而易举。创新的移动端体验，解决了Excel文件在移动端只能看，不能增、删、改、查的问题，做到随时随地管理业务数据。

下面，介绍使用伙伴云的注册和基本使用方法：

（1）注册账号。登录伙伴云网站“http://www.huoban.com”，单击右上角“注册”按钮（如图9-1所示）。

图9-1 “伙伴云”界面

（2）填写注册信息，通过手机号注册时需要获得验证码，也可以通过微信账号直接登录（如图9–2所示）。

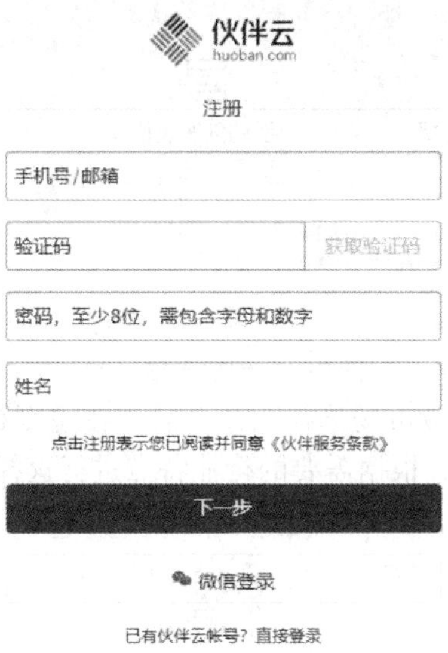

伙伴云
huoban.com
注册
手机号/邮箱
验证码
获取验证码
密码，至少8位，需包含字母和数字
姓名
点击注册表示您已阅读并同意《伙伴服务条款》
下一步
微信登录
已有伙伴云帐号？直接登录

图9–2　填写注册信息

（3）登录成功后，便可以创建工作区，可以考虑按照部门职能统一设置好工作区（如图9–3所示）。

您没有加入任何工作区
创建工作区
运营部
创建

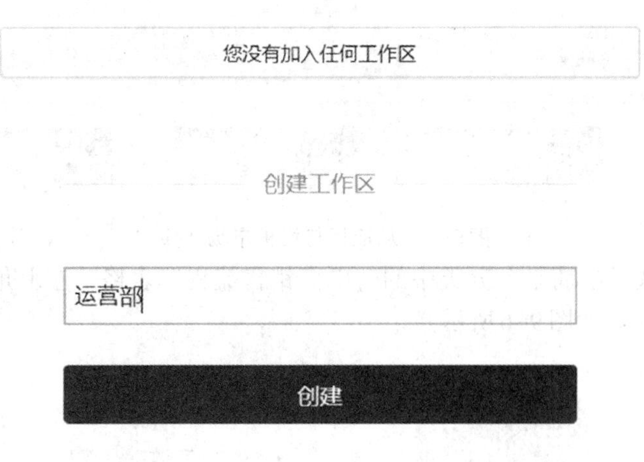

图9–3　创建工作区

（4）创建好工作区后，便可以创建相应工作表格，导入基础数据。伙伴云提供了三种途径：从应用与模板市场选择、手动创建表格、导入本地Excel，我们可以选择适当的方式创建表格（A）（如图9–4所示）。

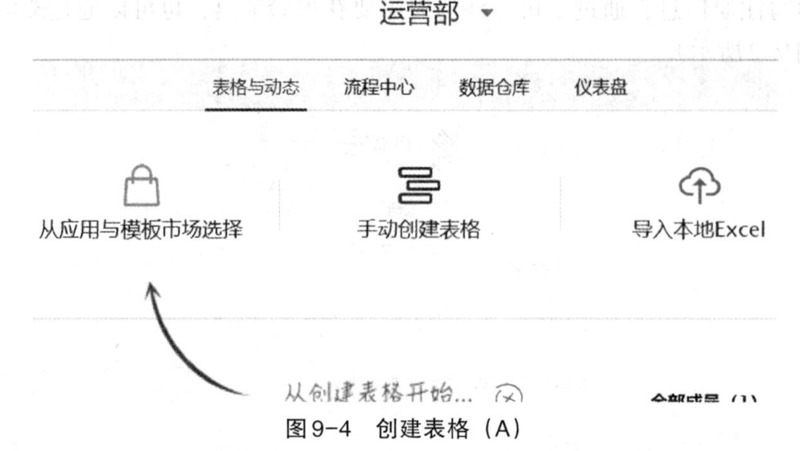


图9-4 创建表格（A）

（5）选择“从应用与模板市场选择”命令后，在左侧是根据行业进行的表格分类，右侧是可以选择的表格模板，根据需要的行业特点进行选择（如图9-5所示）。

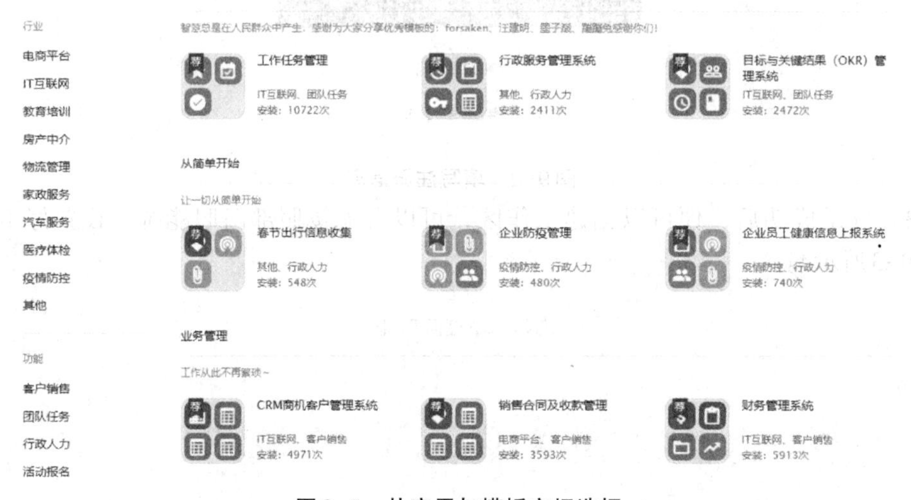


图9-5 从应用与模板市场选择

（6）本案例选择电商平台分类中的“电商销售流程”表格，左上角单击“安装”按钮，创建表格（B）（如图9-6所示）。

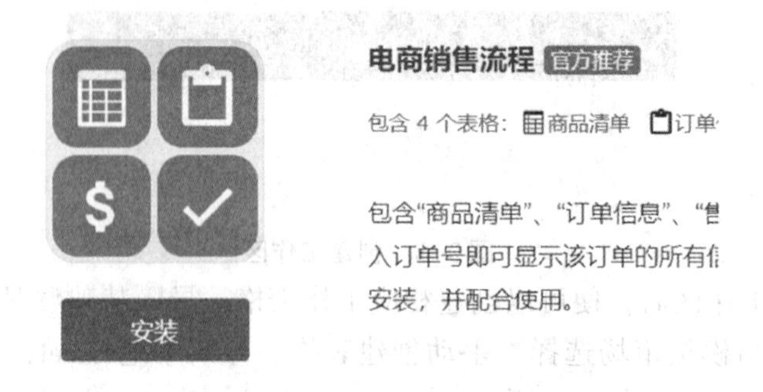


图9-6 创建表格（B）

（7）安装好后可以单击工作区下方的表格进行操作，也可以通过左侧“设置表格及权限”菜单对表格进行修改（如图9-7所示）。

运营部
商品清单

设置表格及权限
公共筛选
全部
我创建的
自定义筛选
我的分享

共5条

| | 编号 | 名称 | 品牌 | 季节 | 分类 |
|---|---|---|---|---|---|
| 1 | 001 | 2016新款男士春季风衣 | 良衣库 | 春季 | 风衣 |
| 2 | 002 | 夏季男士休闲五分裤 | 八匹狼 | 夏季 | 短裤 |
| 3 | 003 | 春夏新款男士修身衬衫 | 花花娘子 | 春季 夏季 | 衬衫 |
| 4 | 004 | 男士深蓝色直筒牛仔裤 | 良衣库 | 春季 夏季 秋季 冬季 | 牛仔裤 |
| 5 | 005 | 男士春季新款薄款针织衫 | 八匹狼 | 春季 | 针织衫 |

图9-7　设置表格及权限

（8）在运营部首页可以通过成员列表旁的“邀请”按钮为工作组添加成员（如图9-8所示），填入被邀请的电话号码（该号码必须在伙伴云已经合法注册），同时通过单击“...”按钮创建角色组。

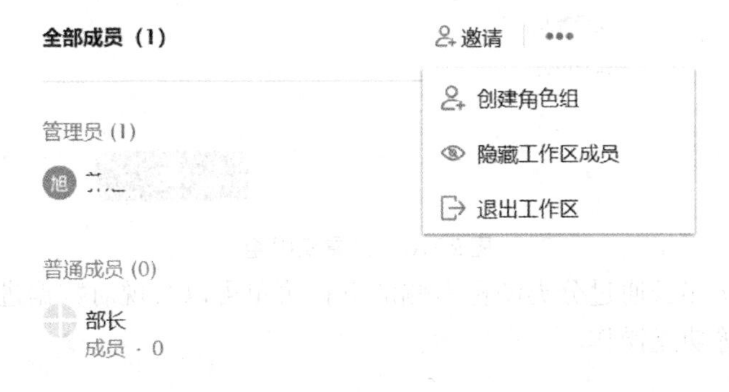


图9-8　邀请成员

（9）通过表格分类右下角的下拉菜单，选择“权限设置”命令对成员进行工作权限设置（如图9-9所示）。

图9-9　权限设置

（10）进入权限设置窗口后，可以设置现有的权限，也可以单击“添加权限组”按钮，设置新的权限组合，以区分并限制不同成员角色对表格的控制和查看权限（如图9-10所示）。

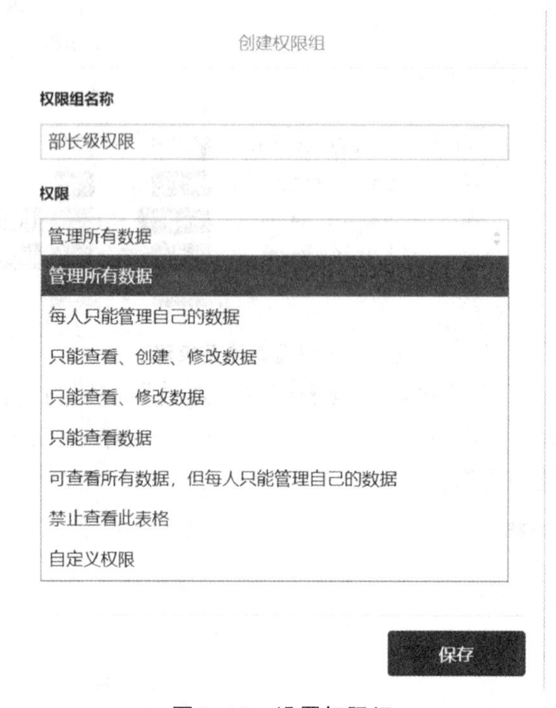


图9-10 设置权限组

除此之外，伙伴云通过分类图标右侧的下拉菜单可以实现对数据进行多种筛选、统计、计算和导出等功能操作。

## 9.3 物联网

1999年，美国麻省理工学院首次提出了物联网的基本概念：“万物皆可通过网络互联”。2005年，在突尼斯举行的信息社会世界峰会上，国际电信联盟发布了《ITU互联网报告2005：物联网》，正式提出了“物联网”的概念。

### 9.3.1 物联网的概念

物联网指的是利用局部网络或互联网等通信技术把传感器、控制器、机器、人员和物等通过新的方式联系在一起，形成人与物、物与物相联，实现信息化、远程管理控制和智能化的网络。物联网是互联网的延伸，它包括互联网及互联网上所有的资源，兼容互联网所有的应用，但物联网中所有的元素（包括设备、资源及通信等）都是个性化和私有化的。

物联网将是下一个推动世界经济高速发展的“重要生产力”，物联网一方面可以提高经济效益，大大节约成本；另一方面可以为全球经济的复苏提供技术动力。我国有关部门也在高度关注、重视物联网的研究，以推动物联网技术的进一步发展。

### 9.3.2　物联网应用的五大关键技术

**1.传感器技术**

传感器技术也是计算机应用中的关键技术。大家都知道，到目前为止绝大部分计算机处理的都是数字信号。自从有计算机以来，就需要传感器把模拟信号转换成数字信号，这样计算机才能处理数字信号。

**2. RFID技术**

RFID技术也是一种传感器技术，是融无线射频技术和嵌入式技术为一体的综合技术，RFID在自动识别、物品物流管理领域有着广阔的应用前景。

**3.嵌入式系统技术**

嵌入式系统技术是综合了计算机软硬件、传感器技术、集成电路技术、电子应用技术为一体的复杂技术。经过几十年的演变，以嵌入式系统为特征的智能终端产品随处可见；小到人们身边的MP3，大到航天航空的卫星系统。嵌入式系统正在改变着人们的生活，推动着工业生产以及国防工业的发展。如果把物联网用人体做一个简单比喻，传感器相当于人的眼睛、鼻子、皮肤等感官，网络就是神经系统用来传递信息，嵌入式系统则是人的大脑，在接收到信息后要进行分类处理。

**4.人工智能技术**

人工智能是一种用计算机模拟某些思维过程和智能行为的技术。在物联网的应用中，人工智能技术主要是对物品的相关信息进行数据分析、整理归纳，从而实现计算机自动处理。

**5.云计算技术**

云计算技术为物联网的发展提供了强大的技术支持，物联网终端的计算和存储能力有限，云计算平台可以作为物联网的大脑，实现海量数据的存储和计算。

### 9.3.3　物联网的应用模式

根据其实质用途可以归结为三种基本应用模式。

**1.对象的智能标签**

通过NFC、二维码、RFID等技术标识特定的对象，用于区分对象个体。例如，在生活中我们使用的各种智能卡，条码标签的基本用途就是用来获得对象的识别信息。此外，通过智能标签还可以用于获得对象物品所包含的扩展信息。例如，智能卡上的金额余额、二维码中所包含的网址和名称等。

**2.对象的智能控制**

物联网基于云计算平台和智能网络，可以依据传感器网络用获取的数据进行决策，用改变对象的行为进行控制和反馈。例如，根据光线的强弱调整路灯的亮度，根据车辆的流量自动调整红绿灯的间隔等。

**3.智能监控**

在互联网、移动互联网和物联网发展迅速的今天，生产生活中的对象及其行为大多受到了来自通信技术的监控。其实，有关智能监控的生活场景已经屡见不鲜，在移动传感器网络中更是时刻关注着社会生活中的对象及其行为。例如，噪音探头可以监测噪声情况；二氧化碳传感器可以监测大气中二氧化碳浓度；GPS技术可以监控车辆位置、行驶路线等。

### 9.3.4 物联网的用途

物联网的用途广泛，遍及智能交通、环境保护、政府工作、公共安全、智能家居、智能消防、工业监测、环境监测、路灯照明管控、景观照明管控、楼宇照明管控、广场照明管控、老人护理、个人健康、花卉栽培、水系监测、食品溯源、敌情侦查和情报搜集等多个领域。

物联网将新一代IT技术充分运用在各行各业之中，具体地说，就是把感应器嵌入和装备到电网、铁路、桥梁、隧道、公路、建筑、供水系统、大坝、油气管道等各种物体中，然后将“物联网”与现有的互联网整合起来，实现人类社会与物理系统的整合。在这个整合后的网络当中，存在能力超级强大的中心计算机群，能够对整个网络内的人员、机器、设备和基础设施实施实时的管理和控制。在此基础上，人类可以用更加精细和动态的方式管理生产和生活，达到“智慧”状态，提高资源利用率和生产力水平，改善人与自然之间的关系。

## 9.4 米家的应用案例

随着物联网的普及，家电也正式进入智能家居时代，家庭中的大部分电器都逐步智能化。2016年3月29日，小米在北京发布全新的生态链品牌，中文名为“米家”，专门承载小米供应链产品。“米家”可以认为是物联网中智能家居的一个应用案例，下面就以小米智能插座为例来介绍如何进行设置，以实现远程控制电器的开关。

（1）首先把小米智能插座插在电源插板上，此时智能插座的提示灯状态是黄色灯闪烁（如图9-11所示）。

图9-11 连接电源

（2）从手机App上搜索并下载安装好“米家”应用，小米所有的智能设备都可以通过此款App来操作管理（如图9-12所示）。

图9-12 安装“米家”App应用

（3）第一次使用“米家”需要注册，输入电话号码和验证码安全注册（如图9-13所示）。

（4）登录“米家”后，单击打开右上角“+”号，如果连接了无线网络，App可以自动搜索小米设备，也可以手动添加（如图9-14和图9-15所示）。

图9-13　注册“米家”账号

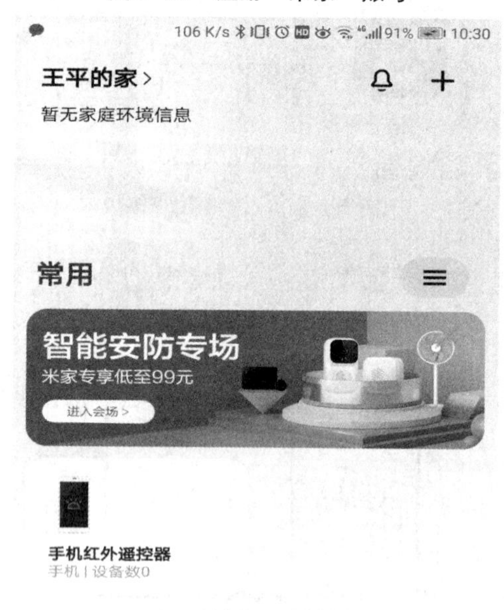

图9-14　单击“+”号添加设备

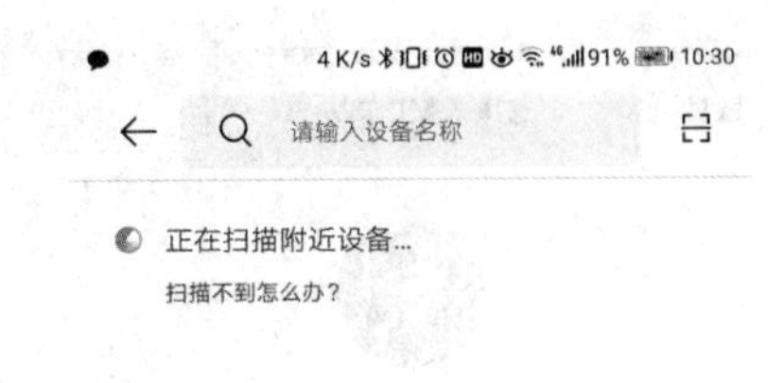


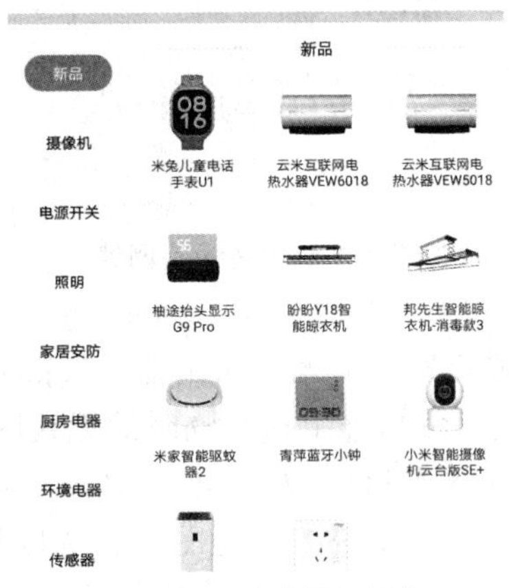


图9-15　手动添加设备

（5）选择“小米智能插座”命令，此时页面显示提示“接通电源，确认设备处于待连接状态”，按照提示对插座进行重置操作，单击“下一步”按钮（如图9-16所示）；然后输入无线网络密码，再单击“下一步”按钮（如图9-17所示）。

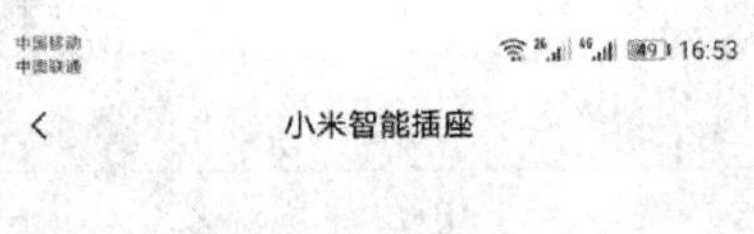


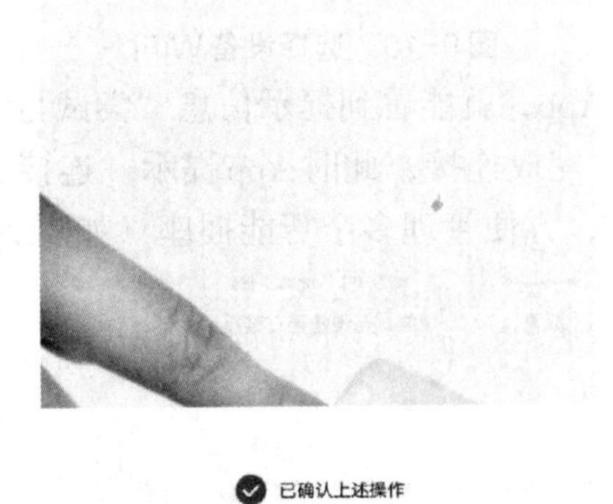


图9-16　插座重置操作

图9-17 连接wifi网络

接下来，App提示我们要将WiFi连接到“chuangmi-plug_xxx”后，返回“米家”App，这里是把智能插座临时变为一个无线路由器，“chuangmi-plug_xxx”是这个路由器生成的无线网络名称，需要把手机连上这个临时的无线网络，才可以使App将配置信息推送到智能插座上（如图9-18所示）；先退出“米家”App，打开手机中“设置”，然后在“无线网络”列表里找到“chuangmi-plug_xxx”，选择并连接上Wi-Fi热点。

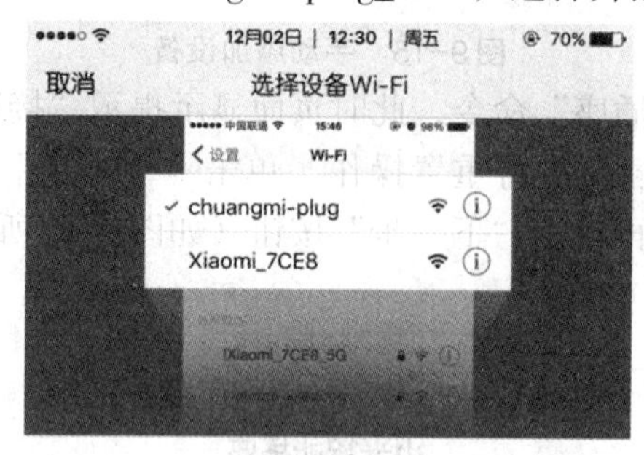


图9-18 选择设备WiFi

（6）重新返回“米家”App，就能看到提示信息“尝试与设备建立连接”（如图9-19所示）；大概1~2分钟就可以完成连接，此时App提示“连接成功”。选择“备注”命令即可修改本智能插座的名称，方便管理多个智能插座（如图9-20所示）。

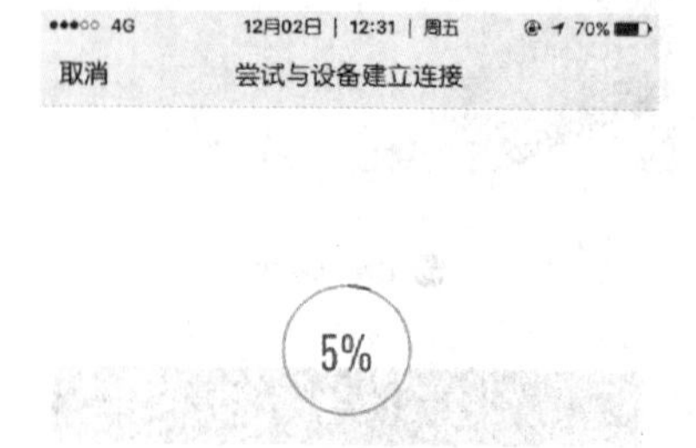


图9-19 尝试与设备建立连接

图9-20　修改设备名称

（7）此时变为“蓝灯常亮”状态，这代表着智能插座已经安装完成了（如图9-21所示）；安装/配置完成后，在“米家”App的全部设备界面就能看到“小米智能插座（家）”图标了（如图9-22所示）。

图9-21　插座“蓝灯常亮”状态

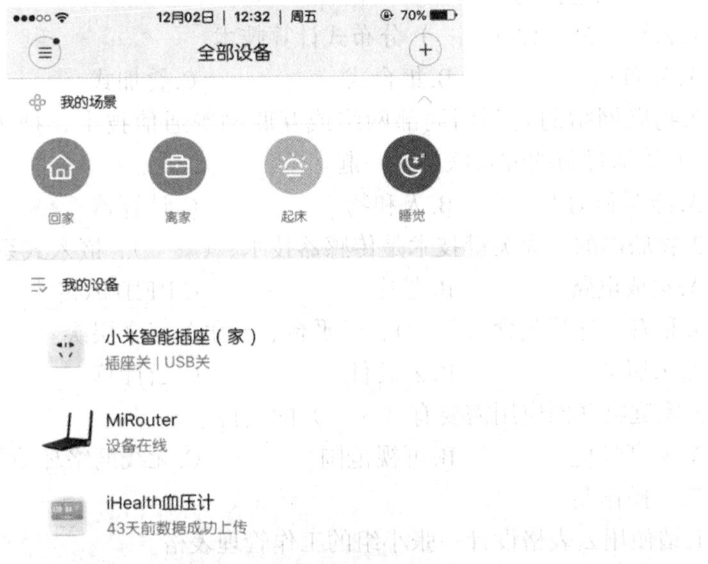


图9-22　全部设备

（8）在米家软件中打开已添加功能的智能插座，单击开关按钮就可以实现远程控制了，蓝色状态表示电源已开，黑色状态表示关闭，只要手机能上网，无论在哪里，都可以随时随地遥控家里的电器。下班准备回家时，远程用手机打开提前准备好的电饭煲，打开客厅门廊的灯，打开空气净化器，甚至打开热水器都相当智能方便（如图9-23所示）。

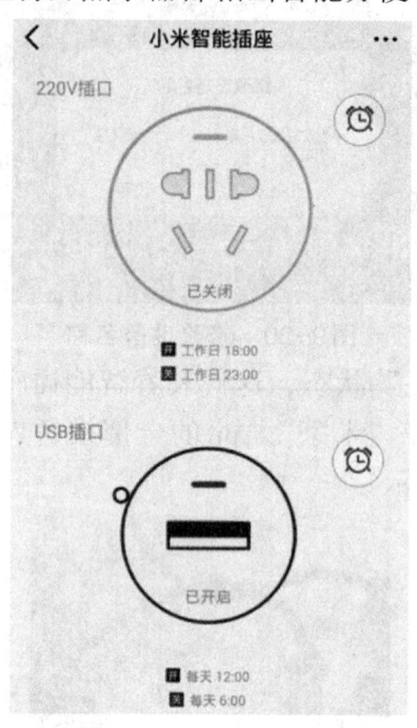


图9-23 小米智能插座

## 本章课后习题

一、单项选择题

1.云计算是一种（　　）分布式计算技术。

A.分布式　　B.集合式　　C.叠加式　　D.分割式

2.物联网指的是利用局部网络或互联网等通信技术，把传感器、控制器、机器、（　　）等通过新的方式联系在一起。

A.能源和动力　　B.人和物　　C.计算器　　D.自动设备

3.物联网的三大关键技术是传感器技术、（　　）、嵌入式系统技术。

A.集成电路　　B.芯片　　C.RFID标签　　D.互联网技术

4.私有云计算包含（　　）、云平台、云服务三个层次。

A.云服务　　B.云硬件　　C.云计算　　D.云账户

5.家庭物联网应用需要有（　　）的支持。

A.明亮环境　　B.可视范围　　C.无线网络环境　　D.以上都对

二、操作题

1.请使用云表格设计一张小组的工作管理表格。

2.根据家庭居住环境设计一个物联网方案。

# 第10章　互联网安全与技术应用

互联网的风险性源于网络自身的脆弱性。网络的开放性和安全性本身就是一对固有的矛盾，无法从根本上调和，而基于网络的诸多已知和未知的人为与技术安全隐患，使网络很难实现自身的根本安全。所以，了解维护网络安全的重要性，掌握网络病毒、木马的防范措施，并熟练应用安全防护工具来保护计算机不受侵害是非常重要的。

## 10.1　互联网安全现状分析

### 10.1.1　计算机系统的安全隐患

**1. 计算机软件系统**

计算机软件系统（特别是操作系统）是整个计算机系统的核心，计算机离开了它将无法完成任何工作。但是，由于计算机软件系统在设计上还存在诸多的漏洞，因此，经常被不法分子所利用。

（1）操作系统模型本身存在缺陷。这是操作系统设计初期就存在的问题，无法通过修改操作系统程序的源代码来弥补。

（2）操作系统程序的源代码设计存在缺陷。操作系统也是一个计算机程序系统，任何程序都会有缺陷，操作系统自然也不例外。

（3）操作系统程序的配置不正确。许多操作系统的默认配置安全性很差，而进行较为安全的配置相对复杂，对人员要求较高，如果没有进行正确的配置，操作系统的安全性也会大大地降低。

**2. 计算机硬件系统**

计算机硬件系统也存在着安全隐患，网络硬件设备（路由器、交换机等）在设计上存在的功能缺陷，容易导致网络运行的安全隐患。另外，计算机硬件系统本身某一部分功能的失效也会产生一些不安全因素。

### 10.1.2 计算机网络的安全隐患

互联网的体系结构和TCP/IP协议在创建时并没有考虑太多的安全问题，可能存在着许多漏洞。同时，网络的普及使信息共享达到了一个新的层次，信息被暴露的机会大增，其主要表现有以下两个方面：

**1.数据包被窃取和欺骗**

数据信息在互联网上传输时，需要经过很多结点进行存储和转发，如果在发送数据时不采取加密措施，就等于把数据拱手送给窃取者，如网上银行使用的数字证书或者U盾技术就是把通信数据加密以保证数据的安全性。

**2.TCP/IP的漏洞**

网络传输离不开网络协议，而这些协议也存在不同层次、不同方面的漏洞，尤其针对TCP/IP的攻击非常多，这是因为多数网络服务是基于TCP/IP协议的。最常见的攻击有针对WWW、DNS、FTP、RPC和NFS等，这就需要我们做好日常的防护工作。

### 10.1.3 数据库管理系统的安全隐患

当前，大量的信息存储在各种各样的数据库中，数据库的安全性自然深受重视。数据库管理系统的安全性主要通过用户的登录验证、用户的权限设置以及安全审计功能来实现。目前流行的基于浏览器、服务器、数据库的三层结构设计，提高了系统的安全性。如果所使用的数据库系统的安全性与操作系统的安全等级不匹配，数据库系统将成为整个计算机系统的薄弱环节。另外，系统管理员对系统和数据库的绝对控制权也存在着数据安全方面的隐患，所以需要在数据库管理中实行系统管理员、安全员、审计员三权分立、互相制约的机制。

### 10.1.4 计算机病毒带来的安全隐患

目前，计算机病毒已经成为危害计算机系统和网络安全的最大隐患。计算机病毒是指编制者在计算机程序中插入的破坏计算机功能或者破坏数据，影响计算机使用并且能够自我复制的一组计算机指令或者程序代码。它有独特的自我复制或者传染的能力，轻则破坏计算机系统，重则破坏硬盘数据，导致重大经济损失。

### 10.1.5 安全管理疏忽和使用不当存在的隐患

在大多数情况下，安全漏洞可能出现在企业内部，人们经常在无意中就泄漏了重要的信息，如用户名、密码、个人操作行为等。例如，当访问了Web网站时，会在无意中留下痕迹；内部网络用户不经意间将自己的重要信息向他人泄露；管理员可能由于工作失误将用户名和口令泄漏等。另外，有些机构缺少经过正规培训的网络管理员，缺少网络安全检查管理的技术规范；更有甚者，系统管理员登录名和口令还处于缺省状态，这些都会成为网络安全的隐患。

## 10.2　互联网安全防范的技术应用

### 10.2.1　防火墙技术

防火墙是指一种高级访问控制设备，是置于不同网络安全域之间的一系列部件的组合，是不同网络安全域间通信流的唯一通道，并能够根据企业有关安全策略控制（允许、拒绝、监视、记录）进出网络的访问行为。防火墙有6种基本类型，分别是：包过滤型防火墙、代理型防火墙、电路级防火墙、混合型防火墙、应用层网关、自适应代理技术。

### 10.2.2　数据加密技术

由于网络系统的庞大与复杂，使得在信息传递的过程中很有可能会经过不可信的网络，导致信息发生泄露。因此，要在信息传递过程中应用数据加密技术，以保证信息的安全。

### 10.2.3　网络访问控制技术

计算机网络系统在提供远程登录、文件传输等功能的同时，也为黑客等不法分子闯入系统留下了漏洞。因此，必须对非法入侵行为进行有效的防范，对计算机网络信息安全进行有效控制。具体的控制措施如下：可以使用路由器对外界的访问进行控制，将路由器设置为局域网的网关，通过路由器控制外网访问内网的权限；还可以通过对系统文件权限的设置来确认访问是否合法，以此来保证计算机网络信息的安全。

### 10.2.4　计算机病毒的防范技术

计算机病毒是威胁网络安全的重要因素，因此，用户应该熟练掌握计算机病毒知识，了解应对计算机病毒的技术手段，能够在发现病毒的第一时间里对其进行及时处理，将危害降到最低。对于计算机病毒的防范可以采用加密执行程序、引导区保护、系统监控和读写控制等手段，对系统中是否有病毒进行监控，进而阻止病毒的侵入。

### 10.2.5 漏洞扫描及修复技术

计算机系统漏洞是计算机网络安全中存在的极大隐患，因此，要定期利用相关软件对计算机进行全方位的系统漏洞扫描，以确认是否存在系统漏洞。

### 10.2.6 备份和镜像技术

保障计算机网络信息的安全，不仅要有防范技术，还需要做好数据备份工作，以确保在计算机系统发生故障时能迅速启动镜像系统进行恢复操作。

## 10.3 浏览器安全防护

### 10.3.1 安全区域与安全级别

设置浏览器安全级别，可以禁止在不安全或者不信任的站点或区域上做一系列不安全的操作，如下载、运行程序、访问脚本等，具体操作步骤如下：

**1.浏览器的安全设置**

打开“控制面板”，在“Internet选项”窗口上单击“安全”选项卡，出现安全设置窗口（如图10-1所示）。

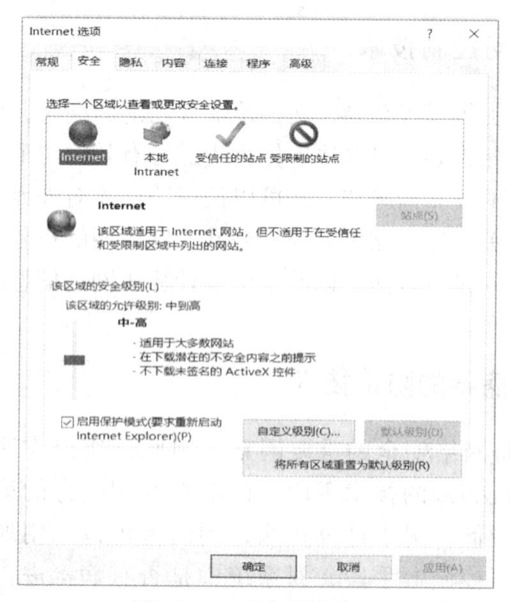


图10-1 安全设置窗口

## 2.区域方式设置

区域方式设置窗口上提供了四种控制区域的划分方式，可以根据实际安全边界的要求来组合选择进行设置。

（1）Internet。该区域包括了互联网上所有且没有被分配过安全级别的站点，单击默认级别可以看到系统提供的默认级别是“中”级。当然，用户也可以自定义安全选项。

（2）本地Intranet。该区域包括网络内部不需要代理服务器的所有地址，单击“站点”按钮，可以在网络内自动搜索并完成添加本地Intranet区域中包括的网站（如图10-2所示）。

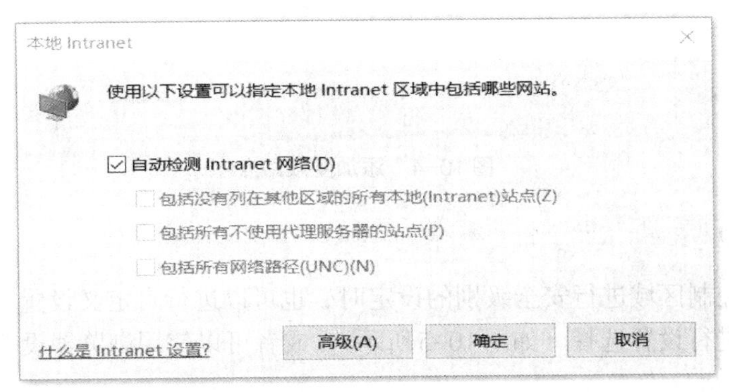


图10-2　本地Intranet网络自动检测

（3）可信站点。该区域包含可信任的站点，对于确定可以下载或者运行的文件而对计算机没有损害的站点，可以添加到这里进行访问。单击“站点”按钮，添加可信站点，其中要求添加的站点使用“http：//”开头，确保安全链接（如图10-3所示）。

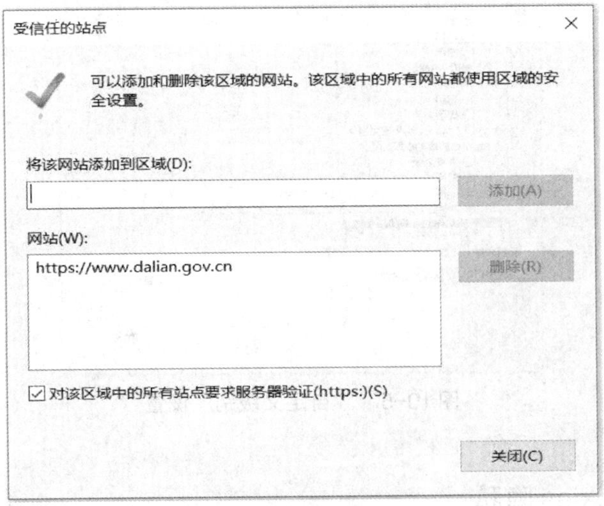

图10-3　添加可信站点

（4）受限站点。该区域包含不可信任的站点，对于不能肯定是否可以下载或者运行的文件而对计算机没有损害的站点，可以添加到这里加以限制。单击“站点”按钮，直接添加受限站点（如图10-4所示）。

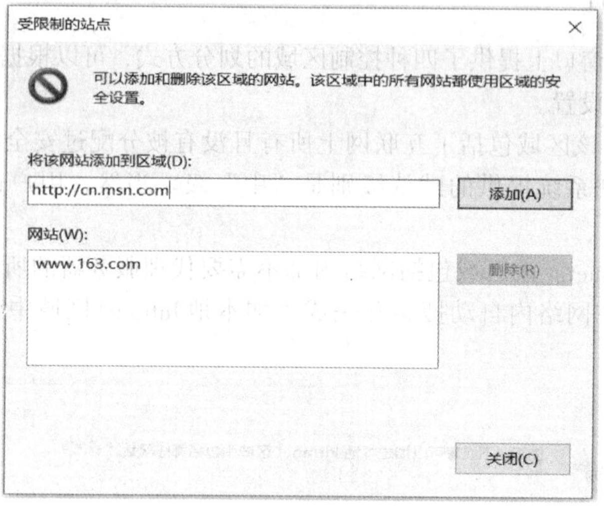

图10-4　添加受限站点

### 3.安全级别

在对各个控制区域进行安全级别的设定时，也可以进行自定义设置。单击“自定义级别”按钮，进行设置选择（如图10-5所示），或者可以使用浏览器设置好的、不同等级的预设方案。

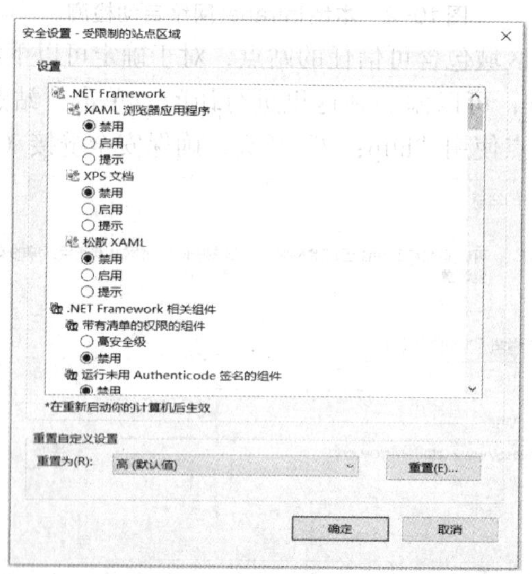


图10-5　“自定义级别”设置

## 10.3.2　Cookies隐私

Cookies是一种脚本，通过它可以为用户设置个人信息，一个Cookies就是一个数据元素，由站点将其发送到用户的浏览器中，并存储在系统里面，同时也会存储个人的识别信息，例如，在该站点用户用过的姓名、邮件地址等。用户可以通过设置“隐私”选项卡加强Cookies的安全性，具体操作步骤如下：

（1）在“Internet选项”窗口中单击“隐私”选项卡进行设置（如图10-6所示）。

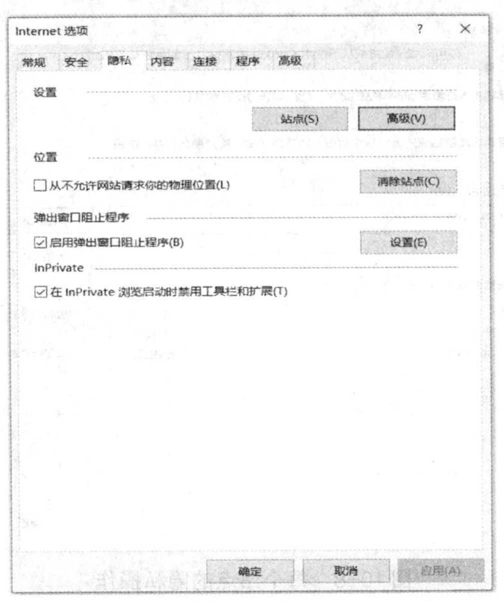


图10-6 Cookies设置选项卡

（2）通过勾选选项改变Cookies的安全级别。当勾选“阻止”选项时，就可以阻止所有的Cookies，这样可以在浏览网站时不留下痕迹；当勾选”接受”选项，则可以接受所有Cookies。在这两种选择下，“站点”按钮是屏蔽状态（如图10-7所示）。

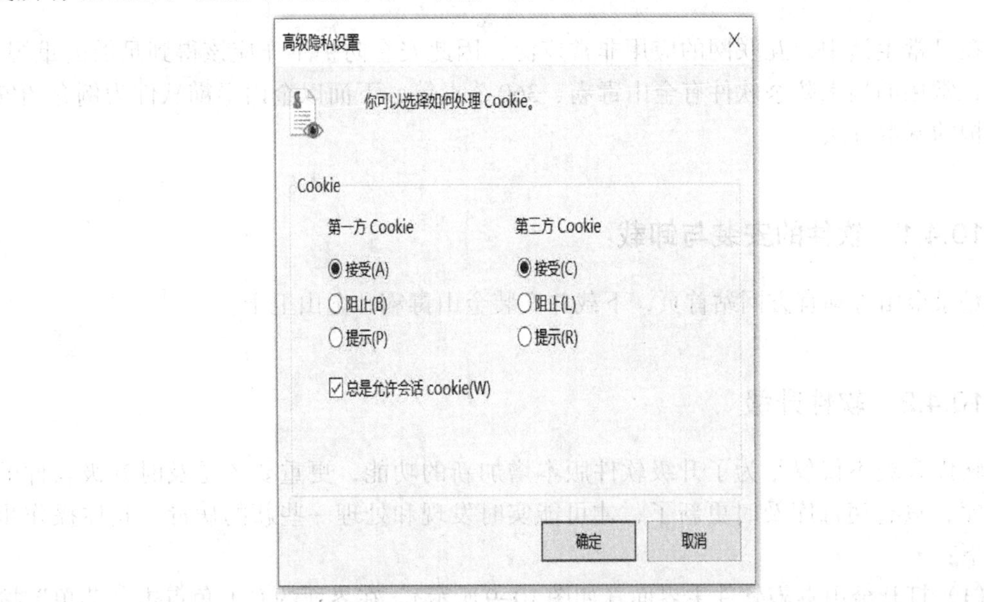


图10-7 Cookies最高级别设置

（3）如果不想阻止所有的Cookies，可以把Cookies的安全级别设置为“阻止”“提示”。此时会激活“站点”按钮，单击可以弹出“每个站点的隐私操作”，从而指定哪些站点可以使用或者不可以使用Cookies（如图10-8所示）。

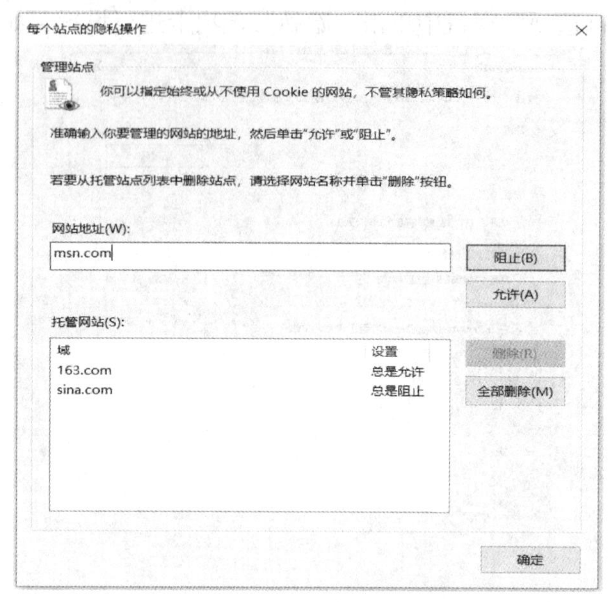


图10-8　每个站点的隐私操作

（4）单击“导入”按钮，可导入已有的可信任Cookies。

## 10.4　金山防病毒软件

在日常生活中，互联网的应用非常广泛，因此安全防护工作应该得到足够的重视。目前，常用的病毒防杀软件有金山毒霸、360杀毒等，下面以金山毒霸软件为例介绍安全防护的基本方法。

### 10.4.1　软件的安装与卸载

登录金山毒霸官方网站首页，下载并安装金山毒霸和金山卫士。

### 10.4.2　软件升级

软件升级不仅仅是为了升级软件版本增加新的功能，更重要的是及时升级软件的病毒库，只有病毒库及时更新了，才可能实时发现和处理一些新的病毒。具体操作步骤如下：

（1）打开金山毒霸软件主界面（如图10-9所示），在界面的右上角点击“菜单”按钮，选择“检查更新”选项。

图10-9　金山毒霸主界面

（2）选择“检查更新”选项后，如图10-10所示，弹出自动在线升级进度窗口。用户也可以单击“后台升级，完成后提示我”按钮，转入后台操作，从而隐藏当前窗口（如图10-11所示）。

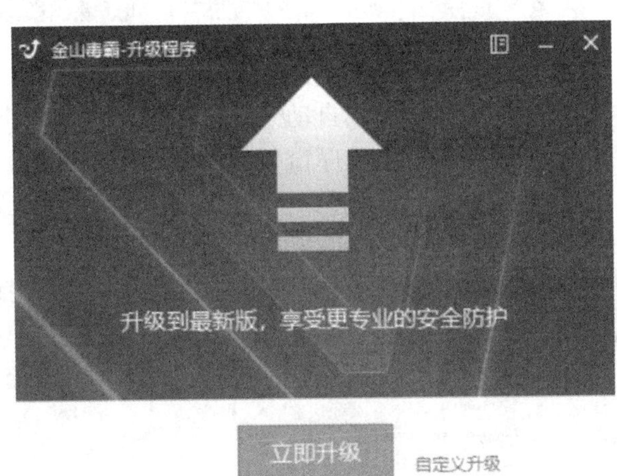


图10-10　在线升级软件

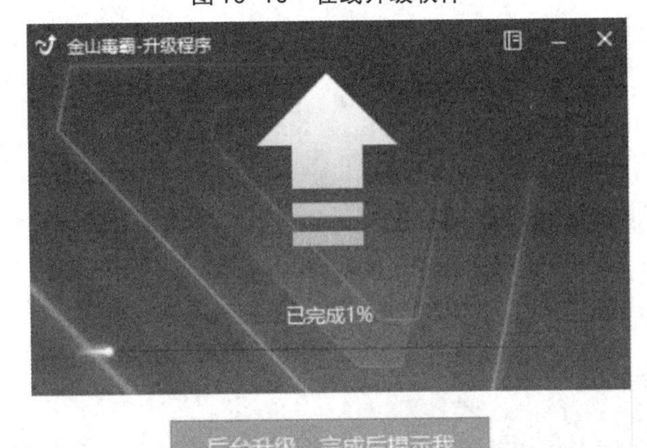


图10-11　在线升级进度

（3）如果单击“自定义升级”按钮，允许使用局域网或者本地计算机下载好的升级文件（update文件）来升级（如图10-12所示），则单击“浏览”按钮选择升级文件。

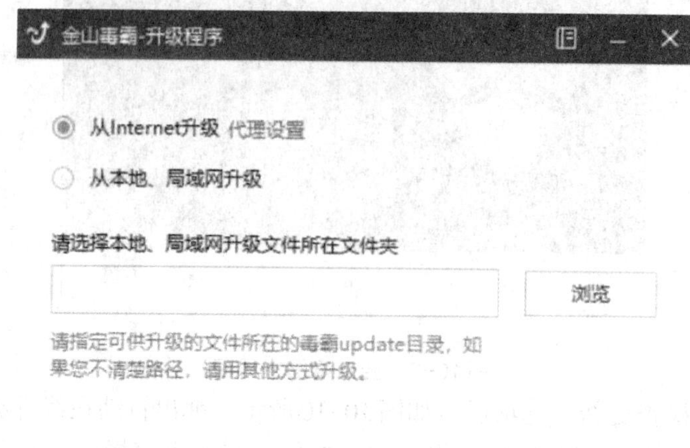


图10-12 自定义升级

（4）如果在基本设置中已经选择了“自动升级”选项，则金山毒霸会在联网的状态下自动检测新版本，自动升级。单击主程序窗口的右上角菜单按钮，在下拉菜单中选择“设置中心”选项，进入软件的“设置中心”窗口（如图10-13所示），选择左侧“升级设置”选项，在窗口右侧选择“自动升级”选项。

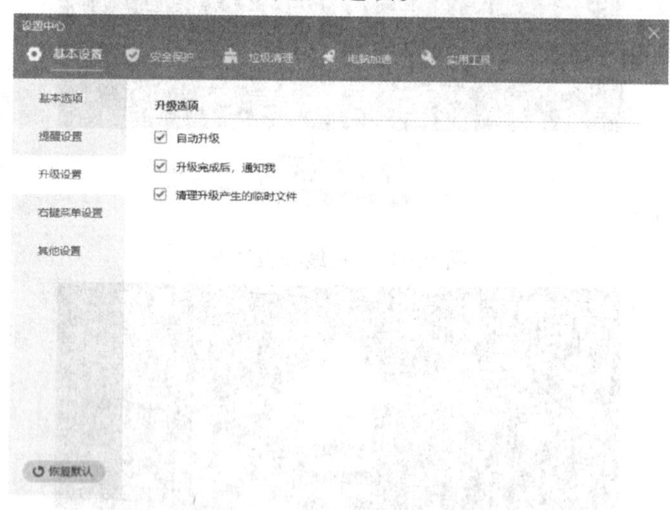


图10-13 “自动升级”设置

### 10.4.3 查杀病毒

及时发现并处理病毒可以为系统的安全防护赢得时间，金山毒霸提供实时的病毒监控处理和手动扫描处理功能，具体操作如下：

（1）打开设置中心窗口，选择上方“安全保护设置”选项卡，在窗口中选择不同的实时监控安全策略（如图10-14所示）。

图10-14　“自动查杀”设置

（2）“病毒查杀”设置中可以对“查杀的文件类型”“扫描方式设置”“发现病毒时的处理方式”等进行设置。

（3）“系统保护”设置中可以对系统保护模式作出选择（如图10-15所示）。

图10-15　“系统保护”设置

（4）“网购保镖”提供网购交易安全保护。（如图10-16所示）。

图10-16　网购保镖

（5）“引擎设置”可以选择不同的查杀病毒模式（如图10-17所示）。

图10-17　引擎设置

（6）手动扫描杀毒可以在主界面的“闪电查杀”自动进行，也可以选择“全盘扫描”。（如图10-18所示）。

图10-18 手动扫描

## 10.4.4 修补漏洞

为了确保系统的安全性，应该及时地修复操作系统的漏洞，具体操作步骤如下：

（1）单击右下角“百宝箱”按钮，再单击左侧的“精选工具”选项（如图10-19所示）。

图10-19 精选工具选项卡

（2）选择“漏洞修复”选项，单击“开始”按钮进行漏洞扫描（如图10-20所示）。

图10-20 漏洞扫描进度

（3）根据扫描结果，选择要修复内容，也可以单击下方“全部”按钮选择修复全部（如图10-21所示），再单击“立即修复”按钮开始修复。

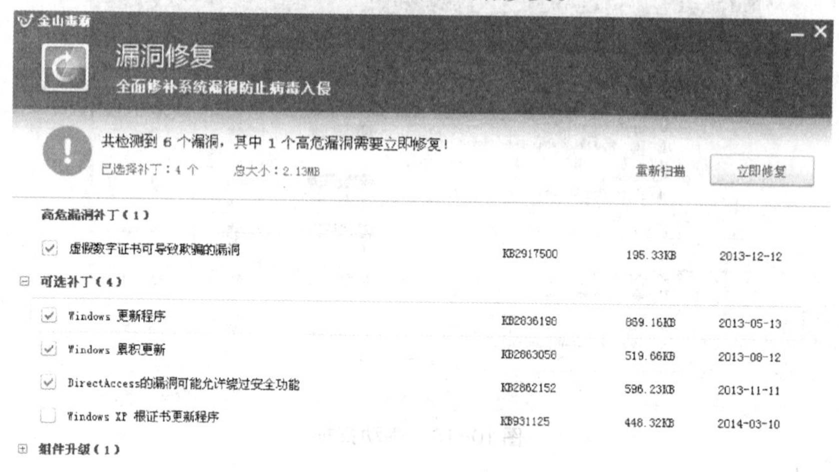


图10-21　漏洞修补

### 10.4.5　浏览器防护

通过金山毒霸软件进行浏览器防护的设置如下：

（1）单击右下角“百宝箱”按钮，选择左侧的“精选工具”选项，单击右侧的“浏览器保护”选项，打开设置窗口（如图10-22所示）。

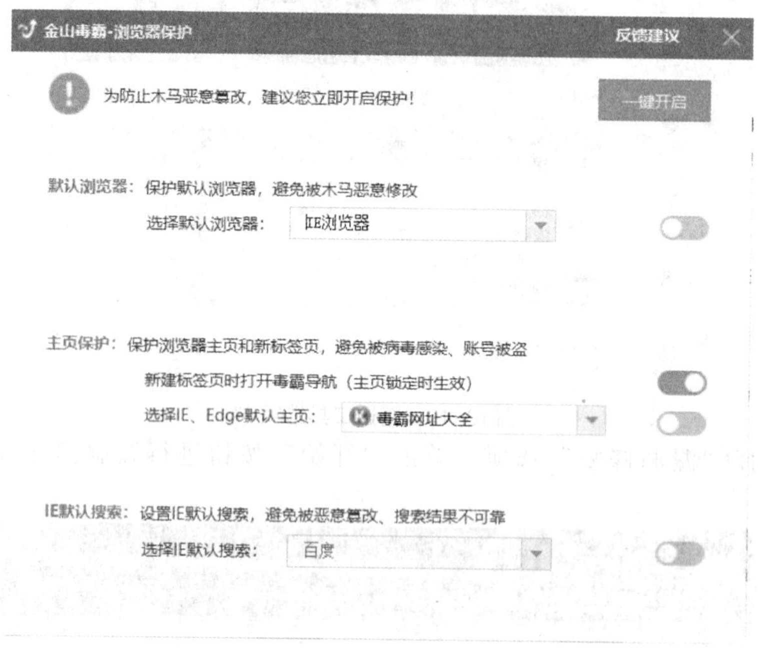


图10-22　浏览器保护窗口

（2）设置默认浏览器锁定、主页保护、IE默认搜索，确保浏览器基本设置不被木马或病毒修改（如图10-23所示）。

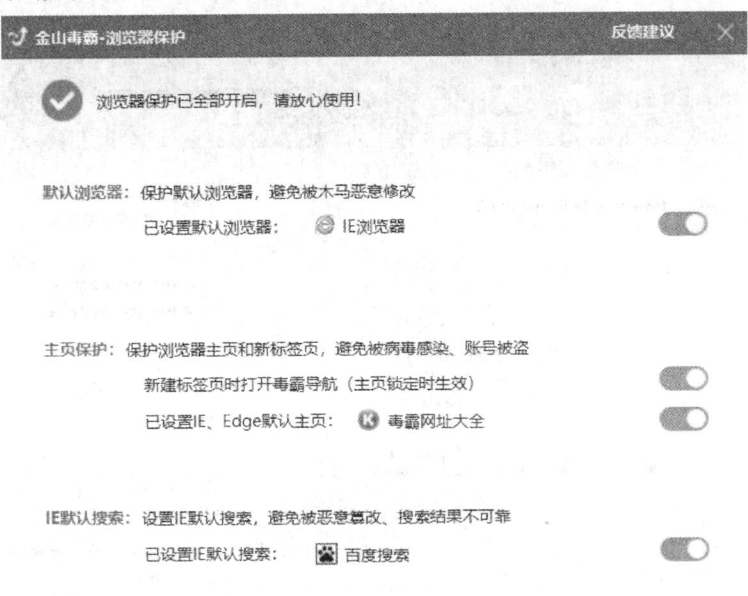


图10-23 浏览器保护窗口锁定

（3）当设置好了保护，如果再去更改浏览器首页，就会有金山毒霸的修改提示（如图10-24所示）。如果确认修改操作，则需要按照软件的提示操作。

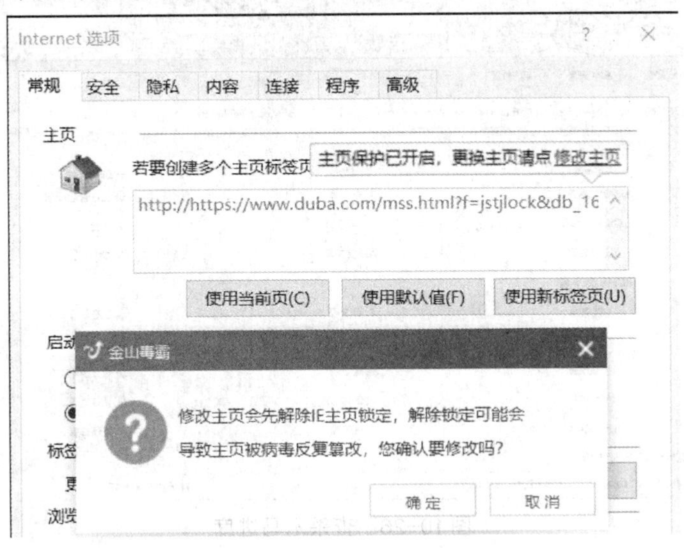


图10-24 修改提示

## 10.4.6 查杀木马

使用金山卫士查杀木马的步骤如下：

（1）打开金山卫士窗口，单击上端的“木马查杀”按钮，在窗口中有三种查杀模式

“快速扫描”“全盘扫描”“自定义扫描”，根据需要选择扫描模式进行查杀（如图 10-25 所示）。

图 10-25　查杀木马窗口

（2）扫描结束后就可以按照系统提示处理木马程序，查杀木马进度如图 10-26 所示。

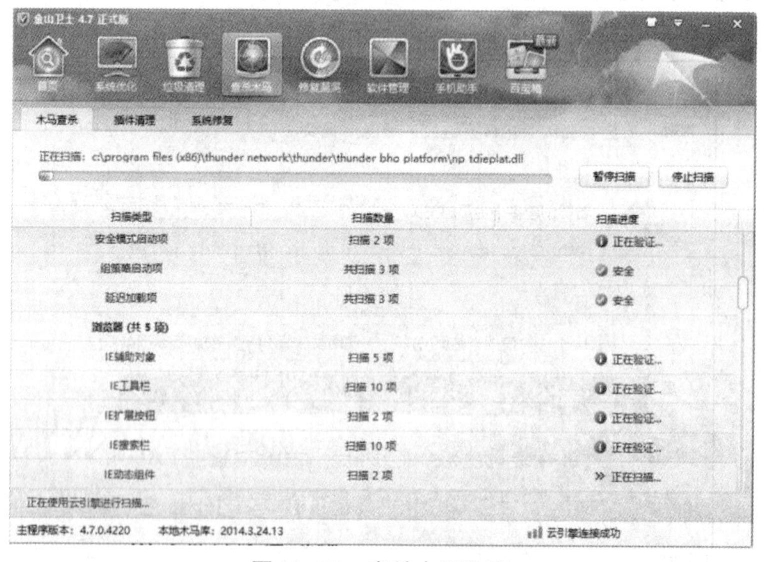


图 10-26　查杀木马进度

## 本章课后习题

一、单项选择题

1. 关于防火墙，下面说法错误的是（　　）。

A. 防火墙系统决定了哪些内部服务可以被外界访问，外界的哪些人可以访问内部的哪些可以访问的服务，以及哪些外部服务可以被内部人员访问

B.Internet防火墙允许网络管理员定义一个中心“扼制点”来防止非法用户，如黑客、网络破坏者等进入内部网络

C. 只要安装了防火墙，网络的安全就得到了保障，可以万无一失了

D. 防火墙有很多种形式，有的以软件形式运行在普通计算机上，有的以固件形式设计在路由器中。但一般来说，可以分为数据包过滤、状态检测和应用级网关等几大类型

2. 下面不属于计算机病毒传染渠道的是（　　）。

A. 通过软盘传染　　B. 通过硬盘传染　　C. 通过网络传染　　D. 通过空气传染

3. 防火墙是一种高级访问控制设备，以下不属于防火墙类型的是（　　）。

A. 包过滤型　　B. 代理型混合型　　C. 应用层网关型　　D. 服务器型防火墙

4. 使用杀毒软件防护网络病毒必须要（　　）。

A. 定期升级版本　　B. 定期升级病毒库　　C. 定期查杀病毒　　D. 以上说法都对

5. 浏览器安全防护设置可以是（　　）方面。

A.Cookies隐私　　B. 分级审查　　C. 受信任站点　　D. 以上说法都对

二、操作题

1. 使用一款杀毒软件扫描系统磁盘。

2. 设置杀毒软件的实时监控选项。

3. 扫描系统漏洞，并修复漏洞。

4. 快速扫描系统确认有无木马程序。

# 主要参考文献

［1］曾剑平. 互联网大数据处理技术与应用［M］. 北京：清华大学出版社，2017.
［2］刘勇. 计算机网络基础［M］. 北京：清华大学出版社，2016.
［3］侯冬梅. Internet技术实用教程［M］. 3版. 北京：清华大学出版社，2015.